REAL SIZE

古生物のサイズが実感できる！

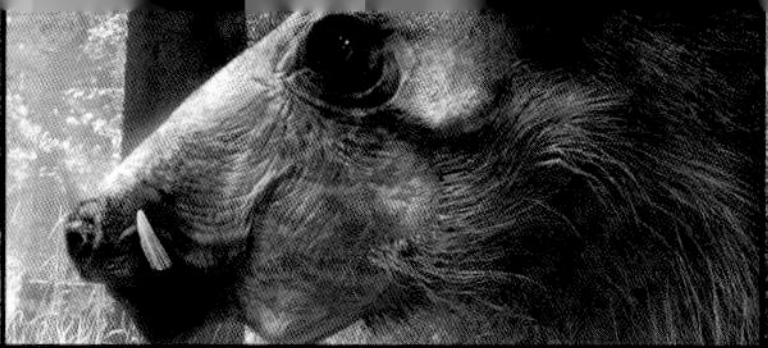

リアルサイズ古生物図鑑

新生代編

土屋 健 著
群馬県立自然史博物館 監修

技術評論社

はじめに。そして、この本の楽しみ方

「数字」ではなく、「感覚的」にサイズを伝えたい。古生物たちの「大きさ」を「なんとなく」知ってほしい。この「リアルサイズ古生物図鑑シリーズ」は、そんな思いで始まりました。さまざまな時代のさまざまな古生物を、現代の（身近な）風景に配置して、みなさんにサイズ感を楽しんでいただくことを目的としています。

本書は、2018年7月に上梓した「古生代編」、2019年7月に上梓した「中生代編」に続く3巻目です。ただし、「3巻目」とはいっても、各巻は独立しています。例えば、「恐竜がやっぱり気になる！」という方は中生代編を、「アノマロカリスや甲冑魚が好き！」という方は古生代編を、そして、「サーベルタイガーやマンモス！」という方はこの本をお選びください。

もちろん、「生命史を通じて、サイズ感の変遷を楽しみたい」という方は「古生代編」「中生代編」もあわせてお楽しみいただくことをおすすめします。古生物たちのサイズ感のダイナミックな変化をご堪能いただけると思います。

さて、「新生代編」です。

新生代は哺乳類の時代です。私たちにとって身近なイヌやネコをはじめ、動物園や水族館などでお馴染みのウマやゾウ、イルカなどの祖先やその近縁種たちが、いったいどのくらいのサイズだったのか。

もちろん、哺乳類だけが新生代の古生物ではありません。鳥類や爬虫類、また少数ながらも無脊椎動物をいくつか収録しました。

本シリーズは、「古生代編」「中生代編」に引き続き、群馬県立自然史博物館のみなさまにご監修いただいております。また、一部の背景撮影にあたり、東映アニメーション株式会社の『ジュラしっく！』に関係するみなさまにご協力いただきました。みなさま、お忙しいなか、本当にありがとうございました。イラストは、服部雅人さんの作品。デザインは、WSB inc. 横山明彦氏、編集は技術評論社の大倉誠二氏です。

現代の景色に紛れ込んだ古生物のサイズ感をお楽しみください。

ただし、古生物のサイズは化石とその分析によるもので、現実の話としては資料によって差があります。本書では、そうした資料の中で「代表的なサイズ」とみられるものを採用しました。もっとも、生物ですので、そもそも「個体差」というものがあります。厳密な意味での“サイズ資料”ではありません。あくまでもサイズ「感」をシンプルにお楽しみいただければという本が本書です。気軽にお楽しみいただくために、今回も解説原稿を少し遊びました。また、合計26点の“現代イラスト”には、メインとなる古生物のほかに、他のページの古生物が「等縮尺で」紛れ込んでいます。ぜひ、前後のページと比較しながら、古生物間の比較もお楽しみください。

なお、全編を通じて古生物を現代の形式に紛れ込ませるにあたり、水棲・陸棲などのさまざまな制約を取り払っています。たとえば、実際には水棲の古生物でも、陸上の景色に居座っています（ときには空を飛んでいます）ので、ご注意ください。なお、正しい生態に関しては、「○○○紀の海」といった具合の（シンプルに）生態のわかるシーンイラストを用意しましたので、そちらを参考にしてください。

古生物のサイズ感を気軽に把握できるシリーズの第3巻。シリーズの最終巻です。今回もゆるゆるっとお楽しみください。

本書を手にとっていただいたあなたに大感謝。
コロナ禍の中ですが、本書が少しでもみなさんの笑顔の助けになることを願って。

2020年8月
土屋 健

Contents

古第三紀 *Paleogene period*

Contents

新第三紀 *Neogene period*

Contents

第四紀 *Quaternary period*

古第三紀 *Paleogene* period

哺乳類が主役となる時代が始まりました。約6600万年前に一つの巨大隕石が地球に落下。恐竜たちが支配した「中生代」が終わり、「新生代」が始まりました。新生代は私たち哺乳類の時代。多様な哺乳類が生まれ、そして滅んでいく時代です。

新生代最初の時代である、「古第三紀」は約6600万年前から約2300万年前まで続き、哺乳類の繁栄の礎が築かれました。

この時代に、イヌやネコの祖先も、ウマの祖先も、ゾウの祖先も登場します。しかし、彼らは私たちの知る姿とは、ちょっと変わっていました。姿だけではなく、サイズも……。

もちろん、“哺乳類が主役の世界”が始まったとはいえ、主役だけでは舞台は成立しません。例えば、ペンギン類が登場した時期も古第三紀です。当時の地球には、ヒトの身長に迫るような大型の種も存在していました。また、空には翼開長6.4mの大きな鳥が、海には長径40cmもの大きなオウムガイがいたこともわかっています。

新生代最初の時代の古生物たちをお楽しみください。

Miacis

【ミアキス】

古第三紀の森

分類	哺乳類 有胎盤類 “ 食肉類 ”
産出地	アメリカ、中国、イギリスほか
頭胴長	20cm

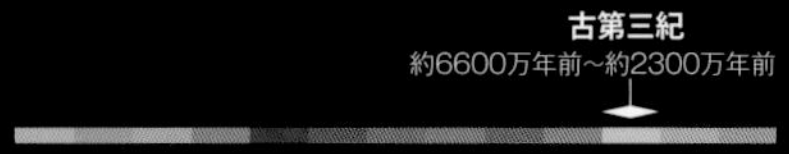

正面

側面

東京都内のあるアニメ制作会社の会議室はとても凝っている。何しろ、部屋の中に樹木があるのだ。「森の中にいるみたい」と、社員の評判も上々だ。

今日もそんな会議室で打ち合わせをしていると、そっと忍び寄る影がある。枝の上だ。

短いながらも力強い四肢と長い尾を持ち、どことなくイタチを彷彿とさせるこの動物は、ミアキス（*Miacis*）という。樹上生活を主とする肉食の動物である。

“史実”におけるミアキスは、「特別な存在」として知られる。イヌやネコはもちろん、クマやパンダ、アシカなど「食肉類《しょくにくるい》」と呼ばれるグループの祖先に近い動物と位置付けられているのだ。つまり、あなたの家にいる愛犬や愛猫も、動物園や水族館の人気者も、みんなミアキスのような樹上性の小さな動物からスタートしたのである。

ただし、ミアキス自身は近年議論のある動物で、これまでに知られていた多数の種の分類が変更されたり、食肉類ではなく、食肉形類《しょくにくけいるい》というより上位の分類群に位置付けられたりしている。もっとも、ミアキスやその近縁種はいずれも似たような姿、似たような大きさをしているので、“食肉類の祖先はこんな動物”というイメージは変わりない。そこで、ここでは特別に種を特定せず、従来から「ミアキス」と呼ばれてきた動物を描いた。

Hoplophoneus premaevus

【ホプロフォネウス・プリマエヴス】

古第三紀の森林

分 類	哺乳類 有胎盤類 食肉類 ネコ型類 ニムラブス類
産出地	アメリカ
頭胴長	1m

古第三紀
約6600万年前~約2300万年前

正面　側面

「君、これが欲しいのかい。それなら、そこへ座りたまえ」

……この赤ん坊はそう思っているのか、いないのか。いずれにしろ、彼の指示を受けて大人しく座っているこの動物は、ホプロフォネウス・プリマエヴス（*Hoplophoneus premaevus*）という。初期のネコ型類《けいるい》だ。

ネコ型類は、ネコ類を含むグループである。ただし、ネコ類以外のグループもネコ型類に属しており、ホプロフォネウスの属するニムラブス類もそうした構成グループの一つだ。そして、ニムラブス類はネコ類よりも原始的と位置付けられている。

……原始的ではあるのだが、一見しただけでは、ネコ類とのちがいはわかりづらい。ネコ型類はその進化において、初期のグループも、後期のグループも姿形がよく似ているという特徴がある。

一言で言えば、「ネコは最初からネコ」なのだ。

ホプロフォネウスは、ネコ型類の初期の種であり、ニムラブス類においても初期の種である。しかし、この段階ですでに筋肉は発達し、骨もがっしりとしていて、「生態系の覇者」のような貫禄がある。ただし、よく見ると、犬歯は長く伸び、いわゆる「サーベルタイガー」のような風貌をしている点が、現生のネコ類との大きな見た目のちがいといえる。

Hesperocyon gregarius

【ヘスペロキオン・グレガリウス】

古第三紀紀の森林

分類	哺乳類 有胎盤類 食肉類 イヌ類
産出地	アメリカ、カナダ
頭胴長	40cm

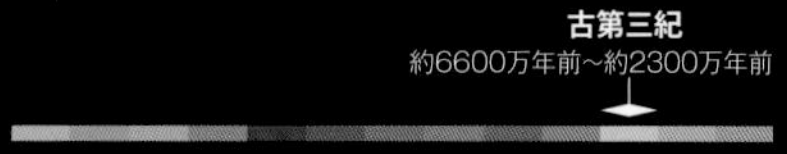

ラブラドール・レトリバーと一緒に、何やら見慣れない動物が昼寝中だ。長い尾をもつこの動物は、その名をヘスペロキオン・グレガリウス（*Hesperocyon gregarius*）という。

“史実”において、ヘスペロキオンは、知られている限り最も古いイヌ類の一つである。こうして現生のイヌであるラブラドール・レトリバーと比べると、「なるほど似ている」と思われるかもしれない。その一方で、「どこか違和感がある」と感じるかも。実際、その姿はイヌというよりはイタチに近く、つまり祖先であるミアキスの仲間（8ページ）に近い。

姿だけではない。現生のイヌは、前足の指が5本、後ろ足の指が4本であることに対し、ヘスペロキオンの指は前後ともに5本あった。歩行形式は、現生のイヌがつま先で歩く「趾行性《しこうせい》」であるのに対し、ヘスペロキオンは踵《かかと》をつけて歩く「蹠行性《しょこうせい》」である。そのため、ヘスペロキオンはおそらく樹木を登ることもできたとされる。

さて、このシーンとこの書き出し。「どこかで見た」と思う読者もいるかもしれない。そんな人は、当シリーズの古生代編204ページをご覧いただきたい。約2億5000万年を超えた単弓類《たんきゅうるい》（哺乳類）の共演。いかに変化したのかを、ぜひ見比べてほしい。

Eohippus angustidens

【エオヒップス・アングスティデンス】

古第三紀の森林

分 類	哺乳類 有胎盤類 奇蹄類 ウマ類
産出地	アメリカ、メキシコ
頭胴長	50cm

正面　側面

犬の散歩をしていると、まず、ラブラドール・レトリバーが草むらの匂いをかぎ始めた。次いで、シェットランド・シープドッグも同じ場所に注目する。“匂い嗅ぎの連鎖”は、犬の散歩中によく見られる光景だ。

……とそこに、新たに1頭やってきた。リード（引き綱）がないところを見ると、放し飼いをされているのか。でも、その1頭はイヌではない。……では何か？　というと、これが微妙である。ポニーにしては小さすぎるし、シカともちがう。

この動物、実は原始的なウマである。その名前を、エオヒップス・アングスティデンス（*Eohippus angustidens*）という。

ウマではあるけれど、よく知られるウマ……たとえば、牧場や競馬場などでよく見るウマ（*Equus ferus*）とは異なる点が多い。まず、小型だし、あまり“ウマ面”していない。何よりも、牧場や競馬場などで見るウマの指は、前後とも1本の蹄《ひづめ》（中指）であることに対し、エオヒップスの指は前足に4本、後ろ足に3本あるのだ。

さて、“史実”におけるエオヒップスは、最古級のウマ類として知られる。現代ではヒトを乗せて疾走するウマ類も、出現当初は、イヌ程度の大きさだったのだ。

エオヒップスは草ではなく葉を食べたとされている。こうしてイヌたちの真似をしていても、この場面では誰も草を食さないのだ。

Mesohippus barbouri

【メソヒップス・バルボウリ】

古第三紀の森林

分 類	哺乳類 有胎盤類 奇蹄類 ウマ類
産出地	アメリカ
肩 高	60cm

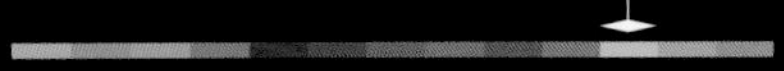

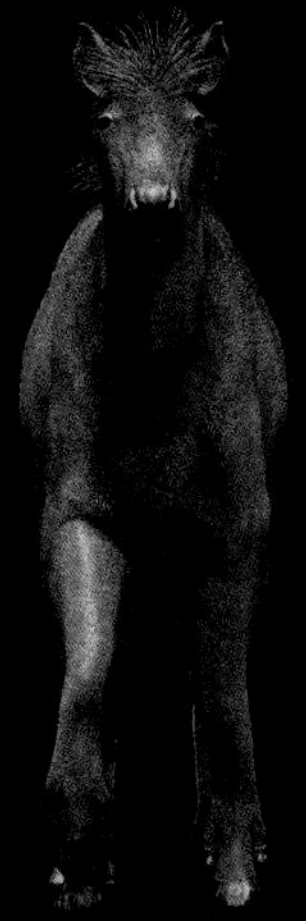

正面

側面

三輪車でおでかけ!

少女の今日のお供は、メソヒップス・バルボウリ（*Mesohippus barbouri*）だ。少女の漕ぐ三輪車の速度にあわせ、少女を守るかのようにその隣をゆっくりと歩いていく。

メソヒップスは初期のウマ類の一つ。ウマ類にして、ずいぶんと小さく見えるかもしれない。「ひょっとして、幼体?」と思われるかもしれない。実際、肩高60cm、頭胴長1mというサイズである。

しかし、これでも立派な成体だ。現生のウマ類と比べると小さく見えるだろうが、より原始的なウマ類であるエオヒップス（14ページ）よりは、実は一回り大きくなっている。

エオヒップスとのちがいは、大きさだけではない。前足に注目していただきたい。メソヒップスの前足の指は3本だ（後ろ足の指も3本である）。エオヒップスは前足が4本指、後ろ足が3本指だったので、前足の指が1本減っている。ウマ類は進化が進むごとに足の指の本数が減っていくので、この先のページでも注目だ。

ウマ類ということで、乗馬の誘惑にかられるかもしれないが、メソヒップスではまだヒトの体重に耐えられないだろう。騎乗用ではなく、少女の友達がふさわしい。なお、飼育の際には、エオヒップスと同じく、柔らかい葉を用意しよう。彼らは草を食べることができないのだ。

Moeritherium lyonsi

【モエリテリウム・リオンシ】

分類	哺乳類 有胎盤類 長鼻類
産出地	エジプト
頭胴長	2m 弱

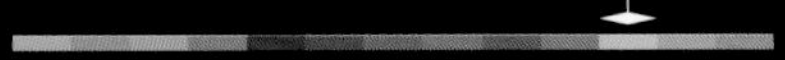

正面

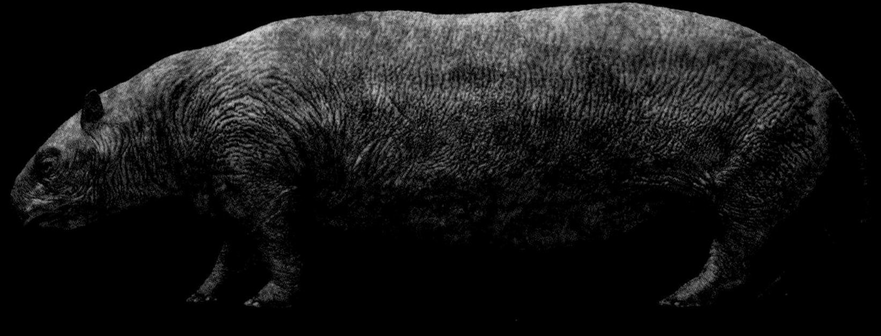

側面

アフリカゾウの群れとともに、その群れを先導するかのように、1頭の動物が歩いている。その動物は、ずいぶんと胴が長く、そして脚が短い。肌の質感はアフリカゾウ（*Loxodonta africana*）に似ているといえば、似ている。

この動物の名前を、モエリテリウム・リオンシ（*Moeritherium lyonsi*）という。こう見えても、アフリカゾウと同じ「長《ちょう》鼻《び》類《るい》」に属している。

え？　長鼻類って……「でも、モエリテリウムの鼻は長くないじゃん!」と思った方もいるだろう。

そもそもアフリカゾウたちの長い鼻（正確には鼻と上唇）は、水を飲んだり、ものを掴んだりすることに使われる。とくに水を飲むことに対しては有用だ。なにしろ、アフリカゾウたちの首は短いので、口を直接水につけようとすると、その大きなからだを屈ませなくてはいけない。長い鼻があることで、彼らは立ったまま、水を飲むことができる。

この視点から考えれば、モエリテリウムに長い鼻は不要であることがわかる。

“史実”において、モエリテリウムは最古級の長鼻類だ。現在では巨獣の代名詞といえる長鼻類は、モエリテリウムのような胴長短足の種から始まったとみられている。ただし、長鼻類の鼻の化石はケナガマンモス（168ページ）などの一部の例外を除いて発見されておらず、基本的に頭骨の高さからの推測である。

Phiomia serridens

【フィオミア・セリデンス】

古第三紀の森

分類	哺乳類 有胎盤類 長鼻類
産出地	エジプト
肩高	1.5m

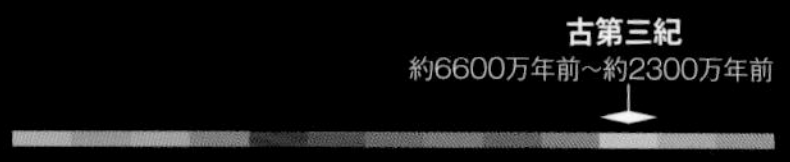

正面

側面

ある牧場では、ウマとともにフィオミア・セリデンス（*Phiomia serridens*）を飼育している。人懐っこいフィオミアは、乗馬を楽しんでいると近くまでやってくることが多い。今日もいつの間にかやってきて、寄り添うように歩き始めた。

フィオミアは、モエリテリウムと同じ長鼻類《ちょうびるい》である。“史実”においては、ほぼ同じ時代に生息していた。ただし、モエリテリウムが水辺を好んでいたことに対し、フィオミアは森林を好んでいたとされる。

18ページのモエリテリウムとフィオミアを比べてみよう。まず、「高さ」が異なる。モエリテリウムの肩高は約60cm。フィオミアは、その2倍長だ。

肩が高くなった分、フィオミアの口は地面から遠くなっている。そのため、化石では確認されていないけれども、短い鼻があったものとして復元されることが多い。

フィオミアのもう一つの特徴は牙だ。なお、長鼻類における牙は、食肉類などの犬歯ではなく、切歯《せっし》（いわゆる「前歯」）である。フィオミアの上顎の牙は外側に向けて伸び、下顎の牙はわずかに平たくなって前に伸びている。

残念ながら、フィオミアを飼育している牧場は、現実世界にはない……はずである。実在するのなら、ぜひ訪ねてみたいけれど。

Simoedosaurus lemoinei

【シモエドサウルス・レモイネイ】

古第三紀の淡水域

分 類	爬虫類 コリストデラ類
産出地	アメリカ、カナダ、ベルギーほか
全 長	5m

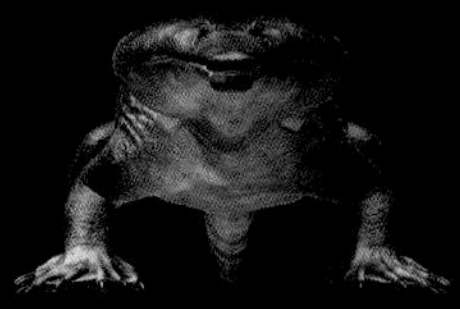

正面

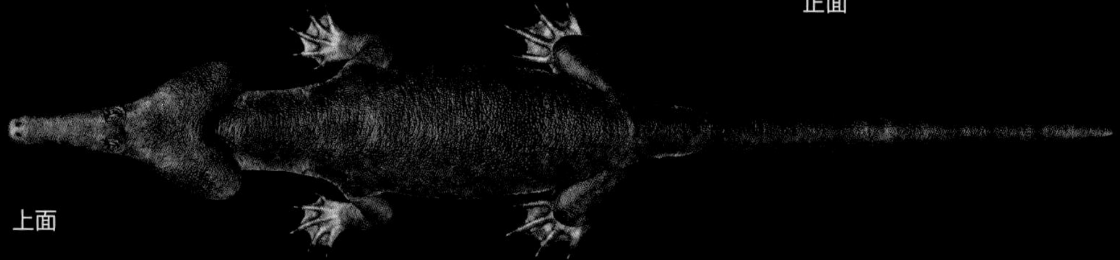

上面

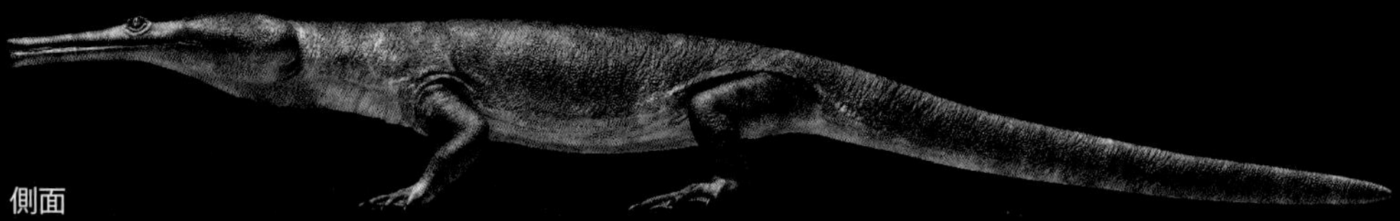

側面

「見てくれよ！　これだよ！　この動物！　いったい何なんだ！」

ある日、家に帰ると珍妙な動物がいた。居間を縦断するような巨体で、頭部をソファに乗せて休んでいる。よほどこの姿勢が気に入ったのか。この動物は、まったく動く気配を見せない。困ったものだ。

それにしても……それにしても、いったいこの動物は何だろう？　この質感、姿、おそらく「爬虫類」であるということはわかる。「ワニか？」と思うかもしれない。しかし、ワニとはどこかが異なる。

ポイントは後頭部だ。ハート形。こんな後頭部をもつワニはいない。

この動物の名前は、シモエドサウルス・レモイネイ（*Simoedosaurus lemoinei*）。「コリストデラ類」と呼ばれるグループに属する爬虫類だ。コリストデラ類は、「ワニに似た、ワニではないもの」とされる淡水性の爬虫類で、“史実”において、中生代ジュラ紀から新生代新第三紀までさまざまな種が生息していた。謎が多いことで知られ、なぜ中生代末の大量絶滅事件を乗り越えることができたのか、なぜ新第三紀まで生き延びることができ、そして絶滅したのか、などわかっていないことだらけである。

なにしろ情報の少ない爬虫類なので、もしもあなたが帰宅したときにコリストデラ類がソファでゆっくりしていたら、専門家へぜひ、通報を。

Titanoboa cerrejonensis

【ティタノボア・セレジョネンシス】

古第三紀の森林

分類	爬虫類 ヘビ類
産出地	コロンビア
全長	13m

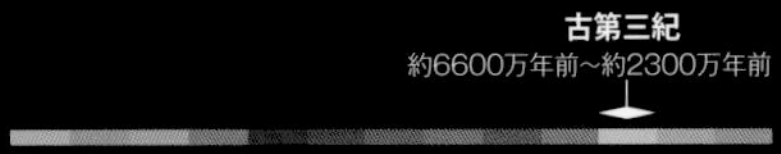

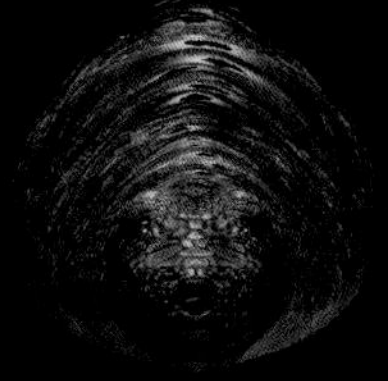

正面

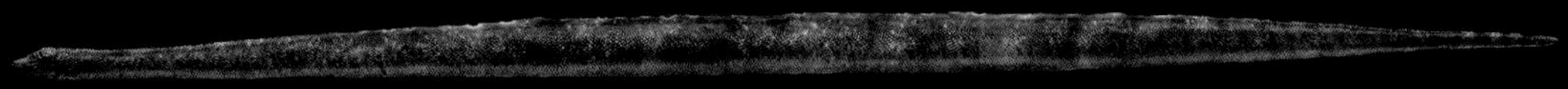

側面

ある都市では、全長13mという巨大なヘビが人間社会に溶け込むように暮らしている。信号をきちんと認識し、スクランブル交差点を歩行者とともに渡る。当初、その光景は話題になったものだけれども、今はこのとおり。“ごく普通の、街の景色”だ。

このヘビは、ティタノボア・セレジョネンシス（*Titanoboa cerrejonensis*）。「セレホン地域の巨大なボア」を意味する名前の持ち主である。「セレホン」は化石が最初に発見された地域のことだ。

ティタノボアは、その名が示すように「ボア亜科」の仲間だ。ボア亜科は、全長9mのオオアナコンダなどの大型のヘビが属するグループである。オオアナコンダはワニや大型の哺乳類、ときにはヒトさえも襲うというヘビだ。

ティタノボアのサイズは、そのオオアナコンダの約1.4倍。その体重は1tを超えるという大物である。

さて、“現実世界”のティタノボアは、実は脊椎などの一部の骨しか発見されていない。全長13mという値は、その一部の骨にもとづくものだ。そして、この推測値はこれまでに知られているヘビ類の中で最大となる。

ティタノボアが生きるためには、30℃以上の気温が必要とされる。温暖化が進む近年、いつかティタノボアのような大型ヘビが都市に出現するかもしれない。

Gastornis gigantea

【ガストルニス・ギガンテア】

古第三紀の水辺

分類	鳥類 ガストルニス類
産出地	アメリカ
体高	2m

古第三紀
約6600万年前~約2300万年前

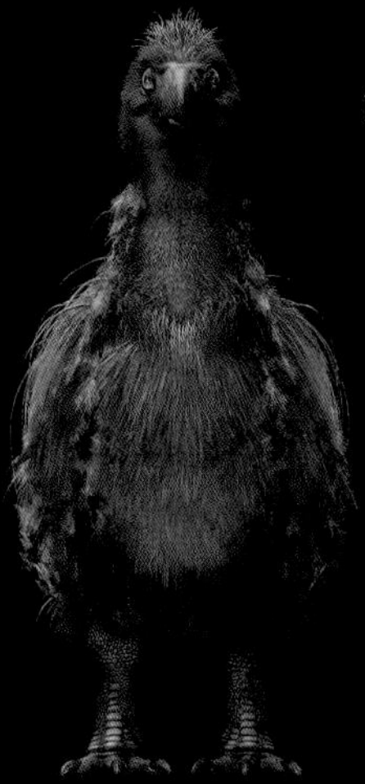

正面

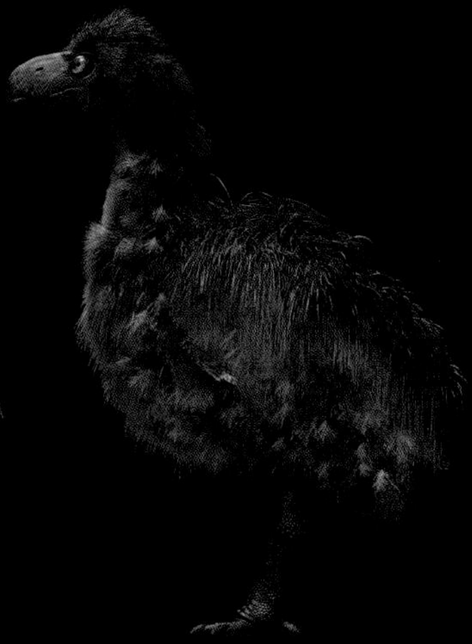

側面

「乾杯~!」

1年の終わりにみんなで楽しく1杯。しかも今年は好調だった。大きな企画、大きな成果。自然とみんなの頬も緩む。

そんな輪の中で、“新入社員”の大きな鳥がともに楽しんでいる。神棚に届くかという高身長に大きな頭部。目立つのは大きなクチバシだ。この鳥は、ガストルニス・ギガンテア（*Gastornis gigantea*）。かつては、ディアトリマ・ギガンテア（*Diatryma gigantea*）と呼ばれていたが、近年、“改名”した。ギガンテア自身はアメリカの“出身”だけれども、ガストルニス属には他にも複数の種がいて、そちらはヨーロッパで暮らしている。

ガストルニスの仲間は、鋭く大きなクチバシをもつ。しかし、その主食は植物だ。だからこうして、ともに酒を酌み交わしていても、ヒトが襲われる心配はない。また、ガストルニスは翼が貧弱で、空を飛ぶことはできなかった。だから、店には仲間たちとともに入口から歩いて入ってきた。いろいろと安心できる鳥である。

“史実”におけるガストルニスは、今から4000万年前に滅んでいる。こうした“飛べない大きな鳥”は、主として哺乳類繁栄の黎明期に存在し、その競争相手だったとみられている。残念ながら、ともに仕事をする仲間とはなりそうもない。

Wimanu manneringi
【ワイマヌ・マンネリンギ】

古第三紀の海

分類	鳥類 ペンギン類
産出地	ニュージーランド
体高	90cm

正面　側面

「なんか、見慣れぬやつがやってきたぞ」

ケープペンギン（*Spheniscus demersus*）たちが、そう思っているのかどうか。みんなで集まって、“見慣れぬやつ”を気にしているように……見える（?）。

この日、水族館にやってきた“新入り”。その名前は、ワイマヌ・マンネリンギ（*Wimanu manneringi*）だ。こう見えてもペンギンである。もっとも、長い首とクチバシ、細い翼（フリッパー）という姿は、ペンギンというよりは「ウ（鵜）」に近く、ケープペンギンたちが警戒（?）するのも、当然かもしれない。

“史実”におけるワイマヌは、ケープペンギンよりもずっと先輩だ。なにしろ、実はワイマヌこそが“最古級のペンギン類”である。新生代古第三紀暁新世《ぎょうしんせい》の初頭、今から約6200万年前~約6100万年前のニュージーランドに生息していた。いわゆる「恐竜の絶滅」にあたる中生代白亜紀末の大量絶滅事件から約400万~約500万年後にはすでに存在していたという“先駆者”である。

最初期のペンギン類であるワイマヌも、水中を泳ぎ回ることができたと考えられている。その骨は、飛行性の鳥類の骨よりも重くできていたのだ。

ワイマヌに始まるペンギン類の歴史は現代へとつながるけれども、ワイマヌ自身はすでに絶滅している。現実世界の水族館でケープペンギンとの共演を見ることはできないだろう。残念ながら。

Perudyptes devriesi

【ペルディプテス・デヴリエシ】

分類	鳥類 ペンギン類
産出地	ペルー
体高	75cm

温泉に入るサルは珍しくないかもしれない。温泉に入るカピバラも……まあ、見ることができる。でも、温泉に入るペンギンを……見たことはあるだろうか？（某“セカンドインパクト後のアニメ”には登場するけれども）。

この旅館のアピールポイントの一つは、温泉に入るペンギンがいること。利用客がいない時間帯でも、ペンギン自身がその湯加減を確認しているという徹底ぶりだ。

ペンギンは、寒い地域の動物では？

そのご指摘はごもっとも。実際、多くのペンギンは南半球の高緯度に生息している。南極大陸だって、ペンギンの分布域だ。

しかし、何事にも例外はあるもの。この旅館の“看板ペンギン”であるペルディプテス・デヴリエシ（*Perudyptes devriesi*）は、むしろ温かい海域を好む種だ。

“史実”におけるペルディプテスは、新生代古第三紀始《し》新世《しんせい》中期の低緯度地域に暮らしていた。「始新世中期」という時代は、地球の気候がかなり暖かかったことで知られている。つまり、ペルディプテスは、温暖な時期に温暖な場所にいたことになる。「ペンギン＝寒い地域の動物」という“常識”は、あくまでも現生種に限った話であり、過去においては必ずしもそうではないのである。

残念ながら、現実世界においてペンギンとともに湯船に入ることができる温泉宿はない……はずである。いくら温かい水が好みといっても、温泉ほどの高温ではなかったし……。

Icadyptes salasi

【イカディプテス・サラシ】

古第三紀の海

分類	鳥類 ペンギン類
産出地	ペルー
体高	150cm

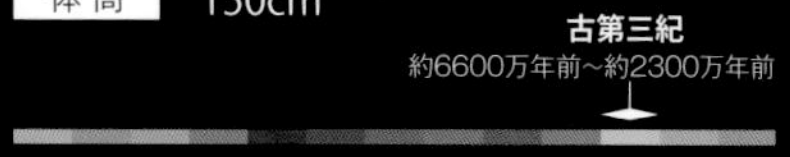

正面　側面

「あら、大きくなったわね」
「やった！」
　ある一家では、毎年、5月5日になると部屋の一角にある壁に身長を記録する。一家全員の成長の記録……、それは、子どもに限らず、ヒトに限らず、ともに暮らすペンギンも一緒だ。今、そのペンギンは、娘（ヒト）の次に測定してもらおうと、順番を待っている。
　ペンギン？
　そう、この家ではペンギンがともに暮らしている。このペンギンの名前は、イカディプテス・サラシ（*Icadyptes salasi*）。その体高は、最大で150cmほど。水族館で会うことのできる大型ペンギン――コウテイペンギン（*Aptenodytes forsteri*）を大きく上回る体躯の持ち主だ。
　ただ大きいだけではない。クチバシが長いこともイカディプテスの特徴の一つ。クチバシの長さは23cmに達し、そして、その先端が鋭いのである。
　“史実”におけるイカディプテスは、約3600万年前（古第三紀始《し》新世《しんせい》）に出現した。その化石は、30ページで紹介したペルディプテスの化石産地とさほど離れていない場所から見つかっている。
　イカディプテスは、現在の地球では見ることができない大型種だけれども、古第三紀当時には、同じような大型種がいくつもいたことがわかっている。かつて、大型ペンギンは、珍しくない存在だったのだ。

Hokkaidornis abashiriensis

【ホッカイドルニス・アバシリエンシス】

古第三紀の海

分類　鳥類 プロトプテルム類
産出地　日本
体高　130cm

正面

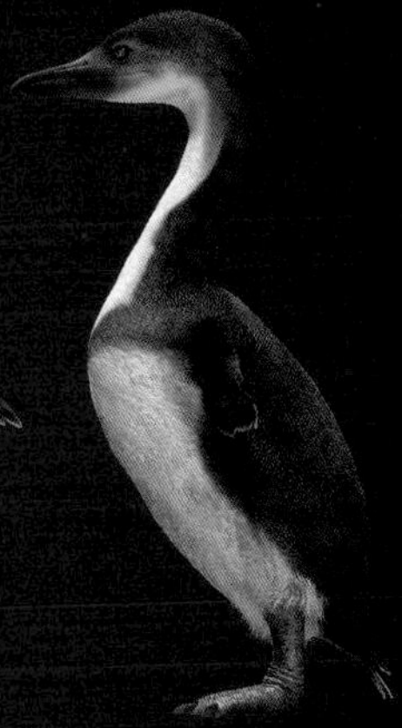

側面

桶の中に何が見えるのだろう?

ネコとともにホッカイドルニス・アバシリエンシス（*Hokkaidornis abashiriensis*）が覗き込んでいる。1匹と1羽。その視線の先に何があるのか。とても気になるけれども……果たして近寄ってよいものか。

……って、そもそも、ホッカイドルニスって何?

この姿、どことなくペンギンを彷彿とさせるけれども、首が長く、翼もパドル状にはなっていない。「そうだ!　どこかで見たと思ったら!」と気づかれた方も、まだ気づかれていない方も、28ページを確認してみていただきたい。そう、“最古級のペンギン類”であるワイマヌとよく似ている。

そんなホッカイドルニスは、「プロトプテルム類」と呼ばれるグループに属している鳥だ。プロトプテルム類の鳥たちは「ペンギンモドキ」とも呼ばれ、原始的なペンギン類とよく似た姿をもつ。

“史実”において、プロトプテルム類はペンギン類よりも3000万年ほど遅れて登場した。ペンギン類が南半球で繁栄したのに対し、プロトプテルム類は北半球で繁栄し、日本と北アメリカ大陸の太平洋沿岸地域で化石が見つかる。ホッカイドルニス・アバシリエンシスは、その名の通り北海道網走《あばしり》市《し》で化石が発見されたものだ。南半球のペンギン類は現在に命脈を残しているけれども、北半球のプロトプテルム類は、新第三紀の間に絶滅した。

Archaeotherium mortoni
【アルカエオテリウム・モルトニ】

古第三紀の森

分 類	哺乳類 有胎盤類 鯨偶蹄類 エンテロドン類
産出地	アメリカ、カナダ
頭胴長	1.5m

正面

側面

ハロウィン。近年の日本では「大人のための仮装の日」が定着しつつある感があるが、本場のアメリカでは、収穫祭にあわせて仮装した子供たちが、「Trick or Treat」と声をあげながら、お菓子を求めて近所を歩き回る。

また新たなひと組がやってきた。思い思いに仮装した子供たち。この日ばかりは愛犬も服を着る。

……っと、見逃してはいけないのは、子供たちに寄りそうアルカエオテリウム・モルトニ（*Archaeotherium mortoni*）だ（見逃すとは思えない存在感があるけれど）。頬からは板状の突起が左右に伸び、鋭い牙をもつその姿は、ハロウィンの雰囲気にぴったりあう。

それもそのはず。アルカエオテリウムは、「地獄から来た豚」という異名をもつ。これほど、ハロウィンのパートナーに相応しい動物もいないだろう。アルカエオテリウムを連れてきて「Trick or Treat」といわれたら、思わず多めにお菓子を渡してしまいそうだ。そのときは、犬用と、アルカエオテリウム用も忘れないように。なお、アルカエオテリウムは「なんでも食べる」ので、犬と同じものでよいかもしれない。

アルカエオテリウムは、「エンテロドン類」というグループに含まれている。“史実”におけるエンテロドン類は、古第三紀の間に滅んでおり、どうにもハロウィンのパートナーになってくれそうにない。残念。

Hyracodon nebraskensis

【ヒラコドン・ネブラスケンシス】

古第三紀の水辺

分 類	哺乳類 有胎盤類 奇蹄類 サイ類
産出地	アメリカ
頭胴長	1.5m

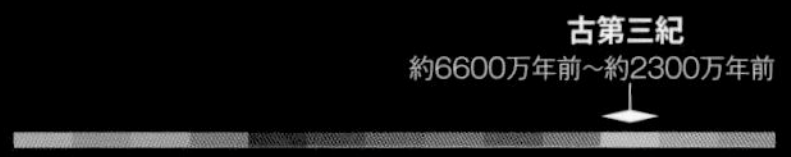

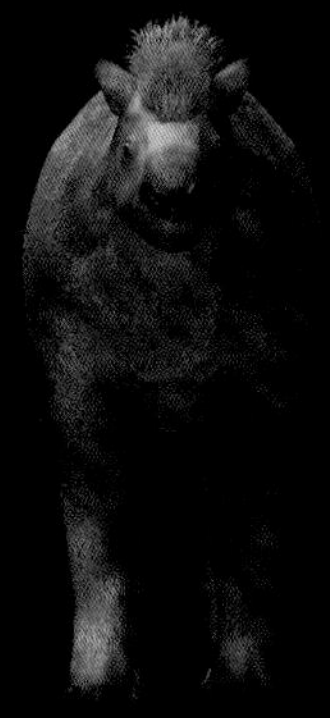

正面

側面

「お、綺麗な毛並みだね。君の家のウマは、どんな名前?　今、何歳?」

散歩に出たそのとき、ポニーを連れた男性と出会った。名前や年齢を尋ねるのは、動物好きの“会話の定番”だ。

しかしこの質問は、ちょっと間違っている。女性が連れている動物は、実はウマではない。この動物は、ヒラコドン・ネブラスケンシス（*Hyracodon nebraskensis*）。ウマと同じ奇《き》蹄《てい》類《るい》に属する。しかし、同じ奇蹄類であっても、ウマ類ではなく、サイ類に分類される動物なのだ。

ヒラコドンは、よく知られるサイの仲間と比べるとずいぶんとちがう姿をしている。からだのサイズはもとより、鼻先にはツノはないし、何よりも全体的にからだのつくりが華奢だ。言い換えれば、軽快なつくりをしている。ウマのように走ることができるようだ。

もっとも、ヒラコドンはサイ類の中では「ヒラコドン類」というグループに属し、狭義のサイ類とは別とされる。ヒラコドン類は、のちのページで紹介するパラケラテリウムを擁することでも知られ、このグループに属する動物の姿は基本的にウマ類とよく似ている。

“史実”におけるヒラコドン類は、古第三紀末までに絶滅しており、残念ながらポニーとの邂逅《かいこう》はできそうにない。

Leptictidium auderiense

【レプティクティディウム・アウデリエンセ】

古第三紀の森林

分 類	哺乳類 有胎盤類 レプティクティス類
産出地	ドイツ
頭胴長	60cm 超

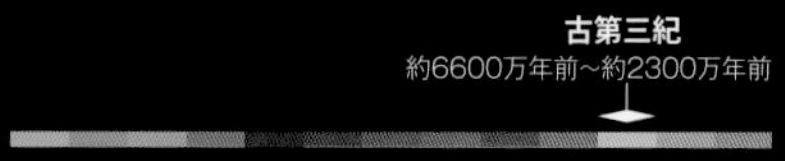

正面　側面

散歩中のチワワの前を、テッテケテーと軽い足取りで見慣れぬ動物が通り過ぎる。チワワは思わず足をとめ、その姿に見入ってしまった。

シュッと伸びた鼻先と短い前脚、長い後ろ脚、長い尾が特徴のこの動物は、レプティクティディウム・アウデリエンセ（*Leptictidium auderiense*）。その見た目は、ぴょんぴょんと跳躍しそうだ。でも、レプティクティディウムの関節は弱い。とても跳躍の衝撃には耐えられない。そのため、こうして軽快な2足歩行で移動する。その独特の走りは、チワワならずも魅了されてしまうことだろう。

レプティクティディウムは、レプティクティス類というグループに所属している。“史実”におけるレプティクティス類は、中生代白亜紀（約1億4500万年前～約6600万年前）からの歴史をもつ“伝統的なグループ”だ。しかし、古第三紀漸新世《ぜんしんせい》（約3390万年前～約2300万年前）の記録を最後に絶滅している。

レプティクティディウム・アウデリエンセの化石はドイツのみで発見されているが、レプティクティス類自体はヨーロッパ各地から化石の報告がある。

ここに描いた全長60cmというサイズは、レプティクティディウムとしては実は小型だ。なかには、全長90cmという大型の種もいたようだ。

Darwinius masillae

【ダーウィニウス・マシラエ】

古第三紀の陸

分 類	哺乳類 霊長類 曲鼻猿類?
産出地	ドイツ
全 長	58cm

古第三紀
約6600万年前~約2300万年前

映画館に行くと、最前列に何やら“サルっぽい動物”が陣取っていた。その姿勢は、明らかに次の作品の上映を待つ風である。いったいどこからやってきたのだろう? ひょっとして、自分でチケットを購入して入館したのだろうか?

どうにも興味をそそられるこの“サルっぽい動物”の名前を、ダーウィニウス・マシラエ(*Darwinius masillae*)という。イギリスの自然科学者、『種の起源』で知られるチャールズ・ダーウィンにちなむ名前の持ち主だ。

初めてダーウィニウスが報告されたとき、「直《ちょく》鼻《び》猿類《えんるい》」に分類された。直鼻猿類には、ヒトも含まれる。ただしその後、「直鼻猿類ではなく、『曲《きょく》鼻《び》猿類《えんるい》』ではないか」との指摘がなされ、現在ではこちらの方が有力である。曲鼻猿類は、サルはサルでもキツネザルなどの仲間で、同じ霊長類ではあってもヒトからは遠縁だ。

“史実”においては、ダーウィニウスは約4700万年前の霊長類だ。もしも直鼻猿類だとしたら、“人類につながる祖先”ということになる。「ダーウィン」にちなんだ名前がつけられた理由は、直鼻猿類として人類進化上の重要種とみられたから。ただし、すでに述べたように、実際には人類につながらない可能性の方が高いとみられている。

とりあえず劇場で見かけたら、ポップコーンを差し入れてみようか。

Uintatherium anceps

【ウインタテリウム・アンケプス】

古第三紀の水辺

分類	哺乳類 有胎盤類 恐角類
産出地	アメリカ
肩高	1.5m

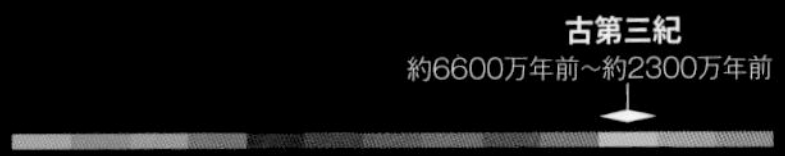

正面

側面

朝靄の中、車を引いているのはウマ……ではない。……ウシ……でも……ない。……サイ……でもない。妙にしっくりとくる場面だけれども、いったいこの動物はなんだろう?

ウシともサイとも似ているシルエットをもつこの動物の名は、ウインタテリウム・アンケプス(*Uintatherium anceps*)。「恐角類《きょうかくるい》」と呼ばれる植物食哺乳類のグループに属している。左右の眼窩《がんか》の上、そして眼窩の前に小さなツノがあり、吻部《ふんぶ》にもちょっとした突起がある。そうした大小のツノはあるものの、それらの先端は丸まっており、鋭さに欠ける。そのため、上顎に牙が発達しているものの、グループ名が示唆するような「恐」ろしさはあまり感じない。

ゆっくりと歩くウインタテリウム。ゆっくりと流れる時間。どこかしら牧歌的な光景。

“史実”におけるウインタテリウム、そして、ウインタテリウムを含む恐角類は、6600万年前の大量絶滅事件直後、古第三紀の最初の時代である暁新世《ぎょうしんせい》に出現した。当時、北アメリカ大陸やアジアにおける最大級の陸上動物の一つだったとされる。その中でもウインタテリウムは、とくに軟らかい植物を好んで食べていたとみられている。

その後、恐角類は暁新世の次の時代にあたる始新世《ししんせい》末(約3390万年前)を待つことなく滅んでいる。どうやら彼らに車を引いてもらうことは難しそうだ。残念。

Andrewsarchus mongoliensis

【アンドリューサルクス・モンゴリエンシス】

古第三紀の陸

分類	哺乳類 有胎盤類 鯨偶蹄類
産出地	モンゴル
体高	130cm

正面

側面

ライオンとともに朝日を眺める動物がいる。

「なんという大きさだ」

思わず、そうつぶやいてしまいそうだ。

ライオンよりもひと回り以上大きな巨体。とくに頭部の大きさはどうだ。吻部《ふんぶ》が長く伸び、その長さは80cm超。寸詰まりのライオンの顔と比べると、その異様さが目立つ。

この動物の名前を、アンドリューサルクス・モンゴリエンシス（*Andrewsarchus mongoliensis*）という。肉食性だ。そして、こう見えても、カバ（*Hippopotamus amphibius*）に近縁とされる動物である。

“史実”におけるアンドリューサルクスは、古第三紀始新世《ししんせい》のモンゴルに生息していた。当時のモンゴルにおいて最大の肉食動物であり、主に腐肉を漁っていたのではないか、との指摘もある。

もっとも、アンドリューサルクスの「最大」は、始新世にとどまるものではない。古今東西の肉食哺乳類と比べても、アンドリューサルクスほどの巨体をもった陸棲種は確認できないのだ。そう、つまり、アンドリューサルクスは、「史上最大の陸棲肉食哺乳類」なのである。ただし、からだの化石は未発見で、巨大な頭骨からの推定である。

もしも現実世界で、ライオンとアンドリューサルクスに同時に会ったとしたら、まあ、いろいろと覚悟すべきなのだろう……。

Paraceratherium transouralicum

【パラケラテリウム・トランソウラリクム】

古第三紀の陸

分類	哺乳類 有胎盤類 奇蹄類 サイ類
産出地	中国、カザフスタン、モンゴルほか
肩高	4.8m

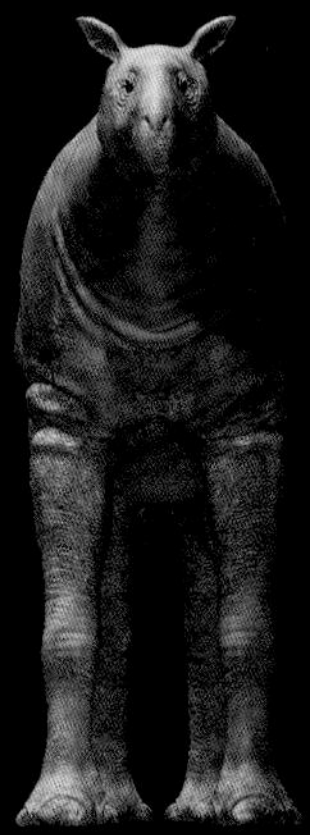

正面

側面

ウマとともに……何やら巨大な動物が駆けている。デカイ!!　なんだ、あれは?

ウマに見えなくもないが、首が妙に長い。四肢も長い。

この動物の名前は、パラケラテリウム・トランソウラリクム（*Paraceratherium transouralicum*）。ウマと同じ奇《き》蹄《てい》類《るい》だけれども、ウマ類ではなく、サイ類に分類される動物だ。ただし、私たちのよく知るサイたちとは違って、ツノをもっていない。

“史実”におけるパラケラテリウムは、古第三紀のユーラシアに生息していた。肩高4.8m、頭胴長7.5mというそのサイズは、陸生哺乳類の歴史における「最大級」として知られている。

この動物は、研究史において、いささか名前の混乱をみせている。パラケラテリウムの他にも、バルキテリウム（*Baluchitherium*）やインドリコテリウム（*Indricotherium*）という名前（属名）が使われているのだ。正確には、パラケラテリウムを含むこの3属は、もともと別属としてみられていた。しかし近年では、この3属は統一される傾向にあり、その場合、3属の中で最も早く名付けられたパラケラテリウムの名前以外は無効とされることになる。

長い四肢をもつことから、パラケラテリウムはそれなりの速度で走ることができたとみられている。ウマたちとの並走も不可能ではなかったのかもしれない。

Embolotherium andrewsi

【エンボロテリウム・アンドリューシ】

分類	哺乳類 有胎盤類 奇蹄類 ブロントテリウム類
産出地	中国、モンゴル
肩高	2.5m

正面

側面

トンネルの多い地域を初めてドライブするときは、暗闇を抜け、新たな景色が目の前に広がると、なんだか嬉しくなる。そんな経験のある人も多いだろう。

でも、「トンネルを抜けたら隣を大型の獣が歩いていた」という経験をしたことがある人は少ないのでは？　今回の旅で出会ったその獣は、肩の高さがSUVの屋根よりも高く、吻部《ふんぶ》にある“ツノ”は分厚い羽子板のような形をしていた。

この動物の名前は、エンボロテリウム・アンドリューシ（*Embolotherium andrewsi*）。ブロントテリウム類に属する奇蹄類《きているい》である。植物食性なので、捕食しようと襲いかかってくることはないけれども、なにしろこの大きさである。並走していることに気づいたら、刺激しないようにしながら距離を取り、離れた位置からゆっくり観察するのが良いだろう。

“史実”におけるブロントテリウム類は、極めて短命なグループとして知られる。古第三紀始新《ししん》世《せい》に出現し、そしてほどなく絶滅した。グループとしての“生存期間”は2000万年に満たない。同時期に出現した同じ奇蹄類であるウマ類が現在まで命脈を保っていることとは大きなちがいだ。このちがいは、硬い草を食べることができるウマ類の歯と、やわらかい葉しか食べられないブロントテリウム類の歯、そのちがいが関係しているのではないか、といわれている。

Arsinoitherium zitteli

【アルシノイテリウム・ジッテリ】

古第三紀の水辺

分類	哺乳類 有胎盤類 重脚類 アルシイノテリウム類
産出地	エジプト、サウジアラビアほか
頭胴長	3.5m

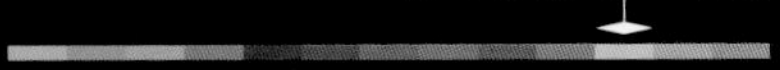

正面

側面

ニューヨークの街を歩くと、ギョッとするほどに奇妙なビルに出会うことがある。その一つが、マンハッタンのフラットアイアン・ビル。見事なほどに三角形のビルだ。5番街通りとブロードウェイ通りの交差点にある。

近年、そのフラットアイアン・ビルの交差点を中心に、ちょっと変わった動物が歩いている。近くにあるマディソン・スクエア・パークと、ユニオン・スクエア・パークを根城とし、周辺区画を散歩しているようだ。

その動物の名前は、アルシノイテリウム・ジッテリ（*Arsinoitherium zitteli*）。頭部のツノをトレードマークとする哺乳類である。初めてその横姿を見ると「サイ?」と思われるかもしれない。しかし正面にまわるとサイではないことがよくわかる。この動物のツノは根元で二股に分かれているのだ。ちなみに骨を見ると、そのちがいはもっと鮮明になる。サイのツノは毛やツメと同じケラチンが集まり固まったものだが、アルシノイテリウムのツノは骨でできている。

ニューヨークの街を闊歩するアルシノイテリウム・ジッテリは、アルシノイテリウム属としては小型。同属には、ジッテリの約1.5倍の大きさをもつ、アルシノイテリウム・ギガンテウム（*Arsinoitherium giganteum*）も報告されている。

あ、現実世界のニューヨークの街にはアルシノイテリウムはいない（はず）なので、そこはあしからずご了承を。

Pakicetus attocki

【パキケトゥス・アトッキィ】

古第三紀の水辺

分類	哺乳類 有胎盤類 鯨偶蹄類 ムカシクジラ類
産出地	パキスタン、インド
頭胴長	1m

正面　　側面

さあ、石取り競争だ。

プールに投げ込んだ石を早く持ち帰った方が勝ち！ そんなゲームをやったことがある人も多いだろう。

ただし、その競争相手がパキケトゥス・アトッキィ（*Pakicetus attocki*）ともなれば、経験者は少ないはず。

こと水中に関していえば、パキケトゥスはなかなか優秀な四足動物だ。なにしろこの動物は、水陸両棲の生態を持ち、とくに耳の“仕様”が水中活動にむいている。ちなみに眼はやや高い位置にあり（そのため、正面から顔を見ると、やや“寄り目”にみえる）、ワニのようにからだの大部分を水中に隠しながら、水面から眼の周辺だけを出し、水上のようすを探ることに適している。

“史実”におけるパキケトゥスは「最初期のクジラ類」に位置づけられている。初期のクジラ類が分類されているムカシクジラ類の中でも最古級の存在だ。のちのムカシクジラ類たち（60ページのバシロサウルスや、62ページのドルドンなど）ほどに水棲適応しているわけではないけれども、眼、耳などに“水中仕様の片鱗”を確認できる。なお、水かきについては、化石で確認されているわけではない。

なんとも愛嬌のある顔立ちのパキケトゥス。こうして石取り競争などでともに遊ぶことができれば、きっと楽しかっただろう。

Ambulocetus natans

【アンブロケトゥス・ナタンス】

古第三紀の海

分 類	哺乳類 有胎盤類 鯨偶蹄類 ムカシクジラ類
産出地	パキスタン
頭胴長	2.7m

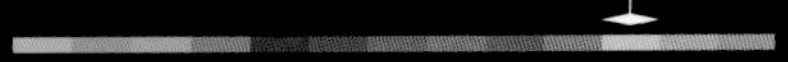

正面　側面

少年が見入っている動物は、アンブロケトゥス・ナタンス（*Ambulocetus natans*）だ。大型水槽の中でなかなかの存在感。手足をからだに寄せて、器用に泳いでいく。

「でも、いったい、この動物は何?」

まず尾が長い。そして、明らかに四肢があるが、それは短めだ。顔を見ると吻部《ふんぶ》が長く、両眼が鼻梁《びりょう》に寄った高い位置にある。

眼が高い。54ページで紹介したパキケトゥスと共通するこの言葉がキーワード。アンブロケトゥスもまた、水中に身を潜めながら、眼の周辺だけを水面から出し、水上のようすを探ることができる。パキケトゥスと同じくムカシクジラ類の一員だ。

“史実”におけるアンブロケトゥスは、ムカシクジラ類における“海洋進出の途上の種”とみられている。周囲で産する化石の分析などから、淡水域と海水域の境目に生息していたとされる。幼いときは淡水域で暮らし、成長にともなって海水域へ移ったという指摘もある。一方で、肋骨の分析からは、生涯上陸することはなかったともいわれている。

ムカシクジラ類の進化の鍵を握る（かもしれない）アンブロケトゥス。もしも、こうして生きている個体がいれば、得られる情報はとても貴重なものとなるにちがいない。

Kutchicetus minimus

【クッチケトゥス・ミニムス】

古第三紀の水圏

分類	哺乳類 有胎盤類 鯨偶蹄類 ムカシクジラ類
産出地	インド
頭胴長	1m 弱

正面

側面

「今日は暑いし、水風呂でも入ろうかな」と思って浴室の扉を開けると……、そこには先客がいた。クッチケトゥス・ミニムス（*Kutchicetus minimus*）が浴槽で気持ちよさそうに浸かっている。

クッチケトゥスは、全長のほぼ半分を占める長い尾と、長い吻部《ふんぶ》・高い後頭部の頭部を特徴とする。パキケトゥス（54ページ）などのように、眼は鼻梁《びりょう》に“寄り目”となっており、独特の面構えをみせる。「カッチケトゥス」とも呼ばれ、こう見えても（?）クジラの仲間である。

“史実”におけるクッチケトゥスは、約4200万年前のインドに生息していたとみられている。パキケトゥスやアンブロケトゥス（56ページ）よりは新しく、のちのページで紹介するドルドンやバシロサウルスなど、完全に水棲適応した種類よりは古い。そんな時期を生きていた。

ここで名前を挙げた動物たちは、すべてムカシクジラ類に属しており、すべて古第三紀始新世《ししんせい》の種である。始新世という時代は、ムカシクジラ類たちの水棲適応がいっきに進んだ時代なのだ。

「あれ? この浴槽、見覚えがあるな」という方は、「古生代編」の189ページをご覧あれ。次々と古生物が登場する風呂場。そんな風呂場があるのなら、ぜひとも欲しい……だろうか。

Basilosaurus cetoides

【バシロサウルス・ケトイデス】

古第三紀の海

分類	哺乳類 有胎盤類 鯨偶蹄類 ムカシクジラ類
産出地	アメリカ、エジプト
全長	20m?

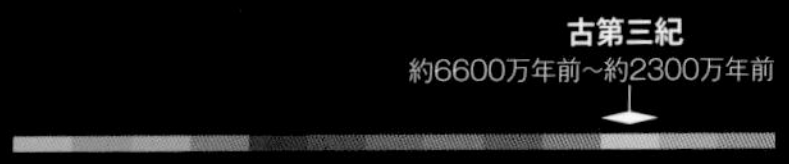

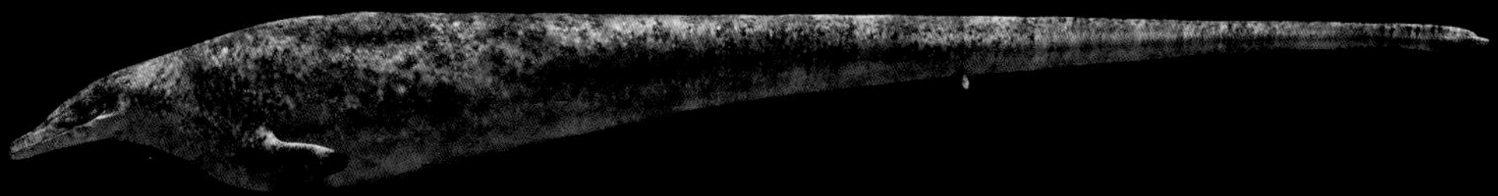

側面

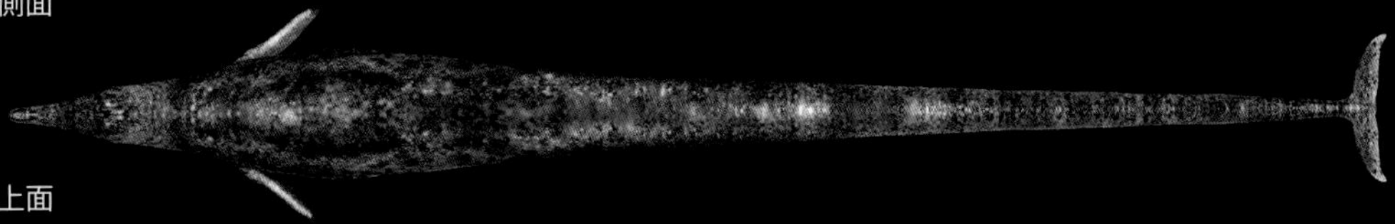

上面

クジラたちの共演だ。手前にザトウクジラ（*Megaptera novaeangliae*）。大小いるので、これは親子だろうか。奥にイルカ。その間にいるのは……これもクジラ？　いや、これはなんだ？

ずいぶんと見た目が異なる。まず目に入るのは、ザトウクジラと比べるとずいぶんとからだが細長いことだ。まるでウナギのようである。そして、ザトウクジラとは頭身が大きく異なる。ザトウクジラは4〜5頭身。それに対して、この細長いクジラは10頭身ほどもある。

これ？　本当にクジラ？

答えからいえば同じクジラだ。狭義においては「ムカシクジラ類」であり、ザトウクジラなどが含まれる「ヒゲクジラ類」とは別のグループに属する。その名前をバシロサウルス・ケトイデス（*Basilosaurus cetoides*）という。

鯨偶蹄類《くじらぐうているい》……つまり、哺乳類であるのに、「爬虫類（トカゲ）」を意味する「サウルス（*saurus*）」がその名に使われているのは、命名者がこの動物を海棲《かいせい》爬虫類と考えたことに由来する。ちなみに「バシロ（*Basilo*）」には「王」という意味がある。すなわち「トカゲの王」という“奮った名前”がつけられた。

その後ほどなく、歯の形状などに哺乳類の特徴がみられることから、分類は修正された。ただし、一度ついた名前はそう簡単には変更できず、こうして爬虫類然とした名前が残っている。なお、本種はすでに絶滅している。新旧のクジラ類のこうした共演は、残念ながら見ることはできそうにない。

Dorudon atrox

【ドルドン・アトロクス】

古第三紀の海

分類	哺乳類 有胎盤類 鯨偶蹄類 ムカシクジラ類
産出地	エジプト、西サハラ
全長	5.5m

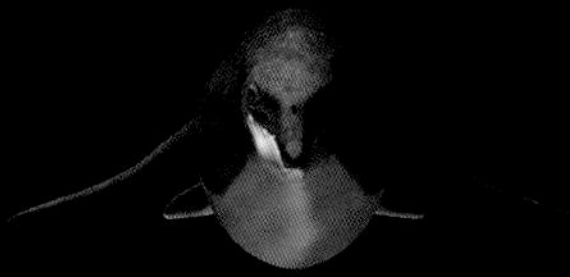

正面

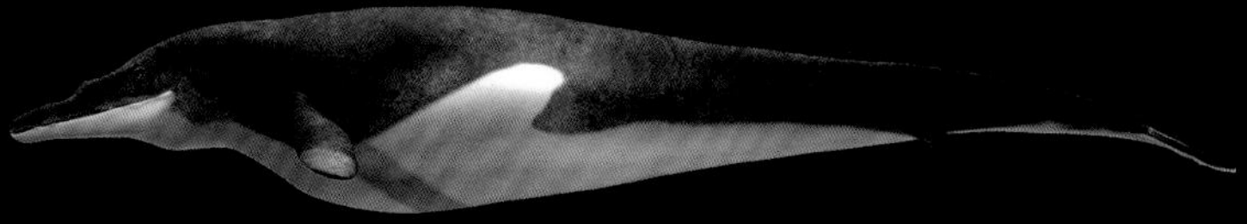

側面

ある水族館では、ちょっと変わった“イルカショー”を見ることができる。

定番の“イルカの立ち泳ぎ”。水面から半身を出し、ゆっくりと後進する様は、観客たちから多くの拍手を集める一場面だ。

“変わっている”のは、このショーにドルドン・アトロクス（*Dorudon atrox*）が登場するということ。その全長は大きなものでは5.5mにおよび、イルカの仲間では大型とされるオキゴンドウとほぼ同じサイズ。イルカショーの“メイン選手”であるハンドウイルカ（*Tursiops truncatus*）と比べると、倍ほどの大きさがある。圧巻の迫力。手を叩く音も大きくなるというものだ。

念のために書いておくと、イルカは「小型のハクジラ類」である。そしてドルドンは、ハクジラ類ではない。60ページのバシロサウルスと同じ、ムカシクジラ類の一員だ。

ムカシクジラ類であるドルドンと、ハクジラ類であるハンドウイルカ。そのちがいは大きさだけではない。頭部をよく見てみよう。ハンドウイルカの額は膨らんでいるが、ドルドンのそれは平たいのだ。

ハンドウイルカをはじめ、現生のクジラ類には額に「メロン」と呼ばれる組織があり、発生させた音波の方向を調整している。この音波が、レーダーの代わりをなすのだ。“史実”においてハクジラ類よりもずっと原始的な存在であるドルドンには、このメロンがない。それゆえに、頭部が平たいのである。

Aetiocetus polydentatus

【エティオケタス・ポリデンタトゥス】

分類	哺乳類 有胎盤類 鯨偶蹄類 ヒゲクジラ類
産出地	日本
全長	3.8m

古第三紀
約6600万年前～約2300万年前

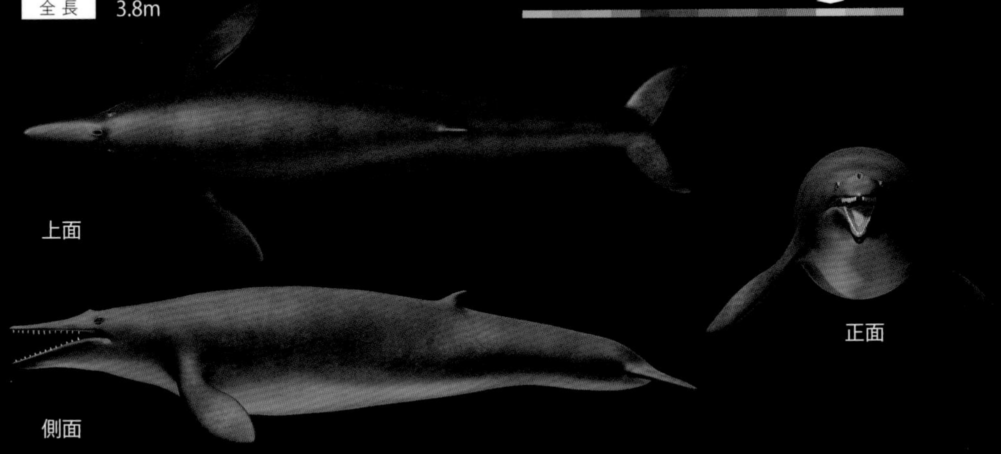

エティオケタス・ポリデンタトゥス（*Aetiocetus polydentatus*）と泳ぐダイビングツアーが人気だ。エティオケタスは、ともすればイルカ（小型のハクジラ類）と間違えられそうだけれども、実はこう見えてもヒゲクジラの仲間である。「ヒゲクジラ＝大型のクジラ」と思い込んでいる友人たちに、「この夏は、ヒゲクジラと泳いできたんだぜ！」と自慢すると、驚かれるかもしれない。

“史実”においては、エティオケタスは「歯のあるヒゲクジラ」の代表として知られる。ヒゲクジラ類ではあるものの、歯をもっていることがその特徴だ。「歯のあるヒゲクジラ」は、ヒゲクジラ類の進化に迫る情報をもっている可能性があるとされる。

エティオケタスの名（属名）をもつヒゲクジラ類はいくつか存在し、種によってはヒゲがなかったとみられるものや、より大型だったものもいる。エティオケタス・ポリデンタトゥスがまさにそれである。つまり、エティオケタス・ポリデンタトゥスは、「ヒゲのない歯のあるヒゲクジラ」なのだ（なんだか言葉遊びのようだけれども）。

なお、その化石は、北海道足寄町《あしょろちょう》から発見されており、エティオケタス・ポリデンタトゥスには「アショロカズハヒゲクジラ」の和名もある。

Maiabalaena nesbittae

【マイアバラエナ・ネスビッタエ】

古第三紀の海

分 類	哺乳類 有胎盤類 鯨偶蹄類 ヒゲクジラ類
産出地	アメリカ
全 長	4.6m

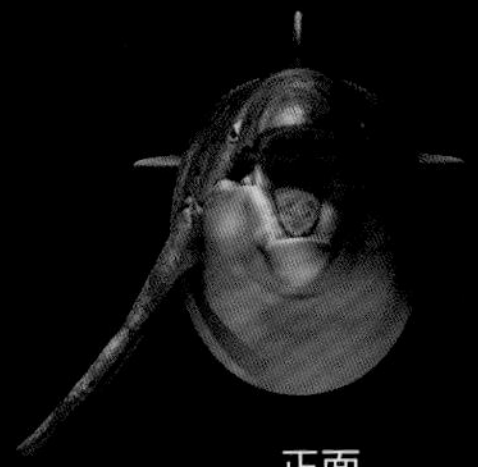

正面

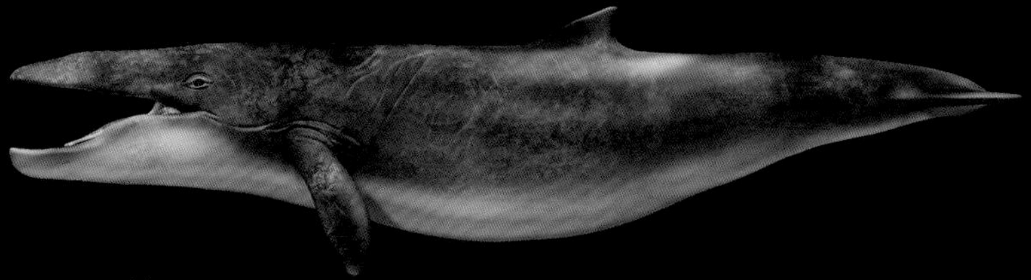

側面

　ダイビングをしていると、向こうから大きな動物が泳いできた。
「お、エティオケタス・ポリデンタトゥスにまた会えるかな」
　そう思っていると、どこかがちがう。エティオケタス・ポリデンタトゥスは、「ヒゲのない歯のあるヒゲクジラ」だったはず。つまり、「歯」があるはずだ。
　しかし今回接近する動物は、どうにも歯が見えない。ヒゲも見えない。でも、見た目はヒゲクジラ類によく似ている。いったい、何者なのだろうか？
　この動物の名前をマイアバラエナ・ネスビッタエ（*Maiabalaena nesbittae*）という。エティオケタス・ポリデンタトゥスの表現を借りてこの動物用に少し変えると、「ヒゲのない歯もないヒゲクジラ」となる。
　史実におけるマイアバラエナは、エティオケタスとほぼ同時期の海を生きていた。ただし、その特徴からみて、マイアバラエナはエティオケタスから“一歩、進化した”ヒゲクジラ類とみられている。すなわち、ハクジラ類からヒゲクジラ類が進化するにあたり、まず歯が消えて、その後にヒゲが発達したのではないか、とみられている。ちなみに、歯もヒゲもないマイアバラエナは、獲物を吸い込んで食べることで生きていたようだ。

Ashoroa laticosta

【アショロア・ラティコスタ】

分類	哺乳類 束柱類 パレオパラドキシア類
産出地	日本
全長	1.8m

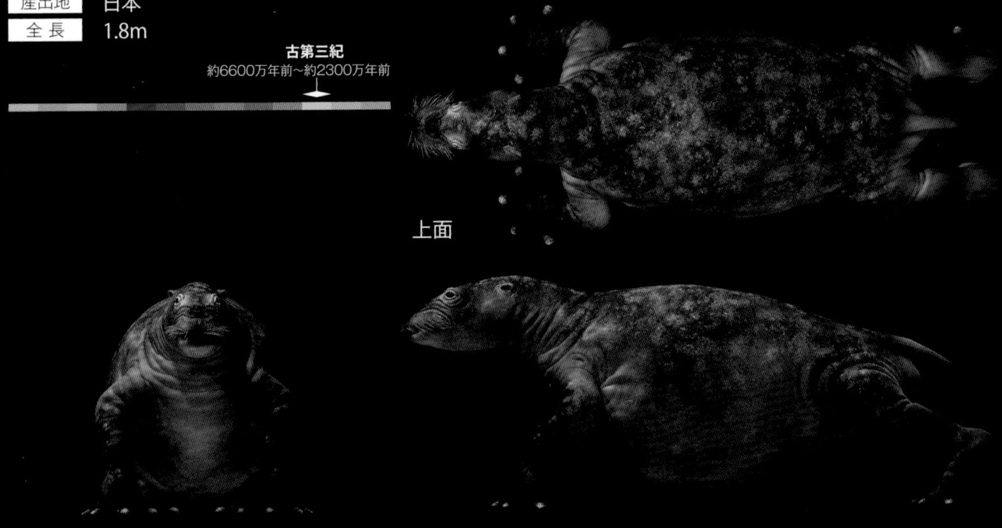

小学校の授業ではよくあることだ。

何かをきっかけに、「調べ学習」を展開。調べたことをみんなの前で発表する。

ある小学校では、アショロア・ラティコスタ（*Ashoroa laticosta*）の訪問にあわせて、「束柱類《そくちゅうるい》」の調べ学習を行っている。なにしろ、実際に学校にやってきたアショロアの隣に立ち、アショロアと、アショロアが属している「束柱類」についての学習発表だ。子どもたちの興味関心は高く、学習効果も高いと評判である。

そもそも束柱類とは、文字通り「柱」を「束」にした形の臼歯《きゅうし》をもつ動物群である。ただし、その“束の程度”は種類によって差があり、アショロアの臼歯は「束になった柱」というよりは、「並んだこぶ」という程度である。

束柱類は日本を代表する動物群の一つ。だからこそ、調べ学習には最適で、子どもたちは身近な動物についての自分なりの仮説を発表し、「調べる喜び」「考える楽しさ」を学ぶことができる。

“史実”において、束柱類は絶滅しており、謎が多い。陸棲だったのか、水棲だったのか、水陸両棲だったのかもよくわかっていない。アショロアは、そんな束柱類の中で、最古級の存在だ。日本固有の束柱類でもあり、その化石は北海道の足寄町《あしょろちょう》から発見されている。

Pezosiren portelli

【ペゾシーレン・ポルテッリ】

分類	哺乳類 有胎盤類 カイギュウ類
産出地	ジャマイカ
全長	2.1m

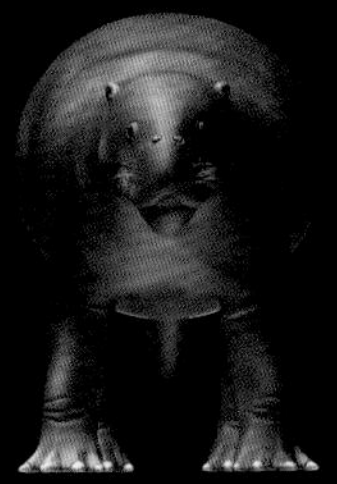
正面

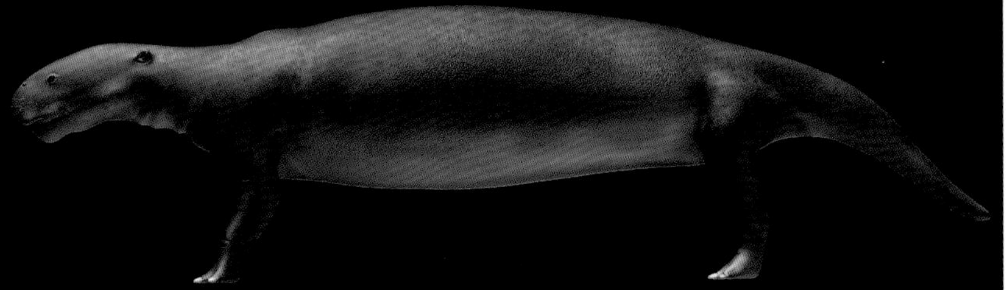
側面

海に潜ると、そこには大きな動物が泳いでいた。一心不乱に、海藻を食んでいるようだ。「人魚のモデル」になったとされるジュゴンだろうか。

ん？……ジュゴンだろうか？　左にいる個体はジュゴン（*Dugong dugon*）だろう。しかし、右にいる個体は……よく見ると、前脚はヒレではないし、後ろ脚がある。え？　これは何？

ジュゴンの脇で仲良く海底を歩くのは、ペゾシーレン・ポルテッリ（*Pezosiren portelli*）。こう見えても、ジュゴンと同じカイギュウ類の一員である。ただし、ペゾシーレンは、カイギュウ類の中でも“最も古い種”の一つだ。

“史実”において、カイギュウ類の祖先は陸上種だったと考えられている。“最古のカイギュウ類”であるペゾシーレンが現れたのは、約4780万~約4130万年前。ペゾシーレンはしっかりとした四肢をもっているため、陸上生活も十分可能だったとみられている。しかし、化石を含んでいた地層が河口あるいは湾内で堆積したものであることなどから、ペゾシーレンの生活の基本は水中であったとの見方が強い。

カイギュウ類はその後、進化を遂げることで前肢はヒレとなり、後肢は消失し、そして尾ビレが発達することになる。

Pelagornis sandersi

【ペラゴルニス・サンデルシ】

古第三紀の空

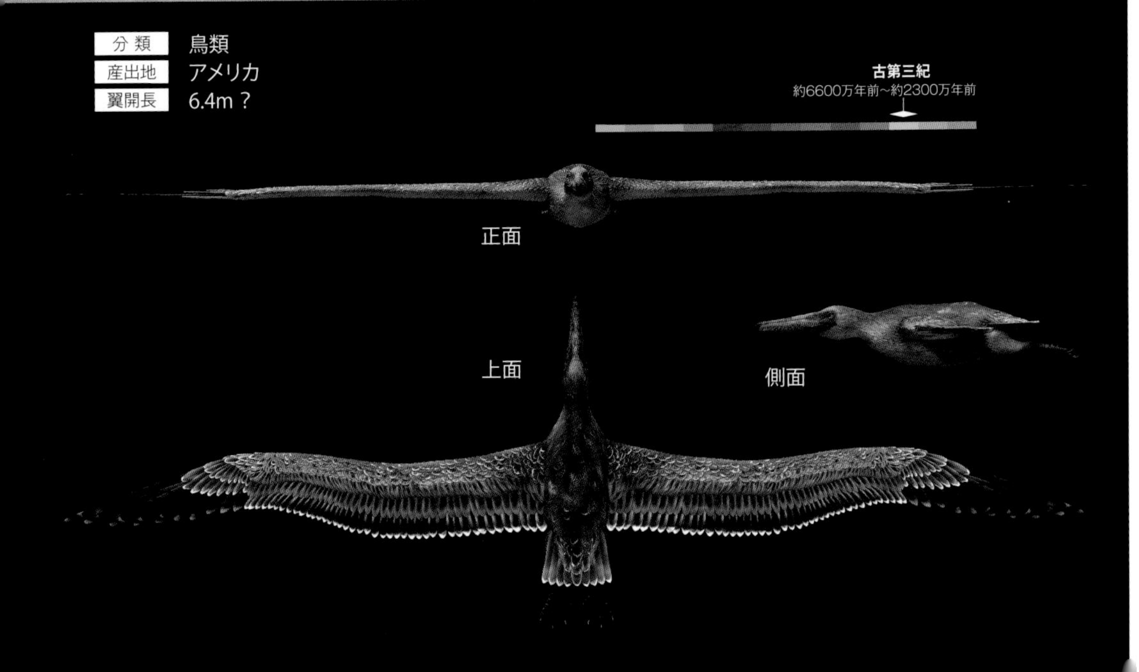

海辺のベンチでひと休みして、カモメを眺める。たまの休日、夫婦でそんな楽しみがあってもイイ。

でも、今日の空は、ちょっと様子がちがっていた。遠くから何やら飛んでくる。小型飛行機? いや、鳥だ。でも、スケールが……。自分の遠近感に自信を失いながらも眺めていると、音もなくベンチの上を超えていく。その鳥は、カモメよりも6~7倍大きいだろうか。声を上げずに見ていることができたのは、陽気のおかげだろうか。

夫婦の上を通り過ぎたのは、ペラゴルニス・サンデルシ（*Pelagornis sandersi*）。翼の端から端までの長さが6.4mという巨大な鳥だ。その大きな翼で風を受け、長距離・長時間の滑空を得意とする。

“史実”においては、ペラゴルニスは「ペラゴルニス類」という絶滅グループに属する鳥類である。発見されている頭骨などの部分化石から推測されるその大きさゆえに「史上最大の鳥類」の一つに数えられる。しかし、部分化石からの推測ゆえに、そのサイズに関しては議論の余地があるとされる。これはのちに紹介するアルゲンタヴィスにも通ずることで、実際のところ「史上最大の鳥類」を特定することは難しい。

現在の地球には、これほど大きな鳥類はいないはず……だが、さて、どうだろう?　本当にいないのだろうか?

Atulia yokoyamai

【アツリア・ヨコヤマイ】

分類	軟体動物 頭足類 オウムガイ類
産出地	日本
長径	40cm

正面

側面

もしも、あなたがホルン奏者ならば、ひょっとしてこんな経験がないだろうか。

演奏会を迎え、緊張のあまり、うっかりホルンではなく、アツリア・ヨコヤマイ（*Atulia yokoyamai*）を持ってきてしまったという経験である。

うねうねと動く触手に「何か違うな」と思いながらも、「気づかない」ところが緊張感のなせるわざ。あまりにも堂々と抱えているため、まわりの人々も気づかない。

……そんな経験がないだろうか？

もちろん、アツリア・ヨコヤマイをどのように吹こうとも、ホルンの素晴らしい音色を出すことはできない。だから、演奏の段になって初めて気づくわけだけど。

アツリア・ヨコヤマイは、「ヨコヤマオウムガイ」の和名でも知られる。この和名とその姿が示すように、「オウムガイ」ことノーチラス（*Nautilus*）の仲間だ。もっとも、ノーチラスの大きさが殻長25cmほどなので、ヨコヤマオウムガイはその1.6倍ほどの大きさがある。

あなたの家にいるのが、ヨコヤマオウムガイではなく、ノーチラスだったのなら、ホルンと間違えて持ってきてしまうことはないのだろうけど。今回は不運だった、といえる。

“史実”では、ヨコヤマオウムガイはすでに絶滅している。しかし、その化石はしっかりと発見されているので、ホルン奏者の方は誤らないよう、ご注意いただきたい。

新第三紀 *Neogene period*

哺乳類たちの“躍進の時代”です。約2300万年前になると、新生代は二つ目の時代にあたる「新第三紀」へと移行します。

この時代、さまざまな哺乳類が多様性の幅を広げていきます。ネコの仲間には、いわゆる「サーベルタイガー」が多数出現し、イヌの仲間は、かなり“イヌらしく”なります。ウマの仲間は、“走行性能”を高め、ゾウの仲間にはさまざまな顔つきの種が増えました。

私たちのよく知る彼らの祖先が、どのようにサイズを変えてきたのか。ぜひ、ご注目ください。

一方、海の世界では全長10mを超える巨大ザメ、怪物の名前をもつ巨大クジラが登場し、空の世界には「史上最大の鳥類」も登場します。その迫力もお楽しみいただければ、と思います。

もちろん、大きな動物がすべてではありません。小型化したマンモスをはじめ、思わず家でともに暮らしたくなるような、そんなサイズの古生物も多数出現しました。

現生種との“つながり”がより濃く見え始めた新第三紀。その“つながり”を意識しながらページをめくっていただくと、より深く楽しんでいただけることでしょう。

Barbourofelis fricki

【バルボロフェリス・フリッキ】

新第三紀の森林

分類	哺乳類 有胎盤類 食肉類 ネコ型類 バルボロフェリス類
産出地	アメリカ
頭胴長	1.6m

正面

側面

一家団欒にふさわしい“サーベルタイガー”。そんな動物がいるとすれば、それはきっと、バルボロフェリス・フリッキ（*Barbourofelis fricki*）だろう。ちょっと大型かもしれないけれども、留守番を任せるにヨシ、子供の遊び相手にヨシ、ともに寝るにヨシだ。

バルボロフェリス・フリッキは、バルボロフェリス類の代表種であり、バルボロフェリス類における最大種だ。全体的にがっしりとした骨格と発達した筋肉を持ち、そして、四肢が短かった。

発達した長い犬歯もバルボロフェリスの特徴の一つ。そして、上顎の犬歯に対応する位置の下顎には、口を閉じた時に犬歯を内側から保護するような骨の出っ張りがあった。この出っ張りがあるおかげで、下顎をつけても犬歯がソファなどに刺さることはない。

バルボロフェリス類は、ホプロフォネウス（10ページ）の属するニムラブス類に含められることもあるグループ。いわゆる「ネコ類ではないネコ型類《けいるい》」だけれども、ネコ類に近縁とされている。

“史実”におけるバルボロフェリス類は、新第三紀中新世《ちゅうしんせい》末（約540万年前）までに姿を消した。彼らに変わって台頭したグループが、ネコ類である。

Metailurus major

【メタイルルス・マジョル】

新第三紀の森林

分類	乳類 有胎盤類 食肉類 ネコ類
産出地	ブルガリア
頭胴長	1.5m

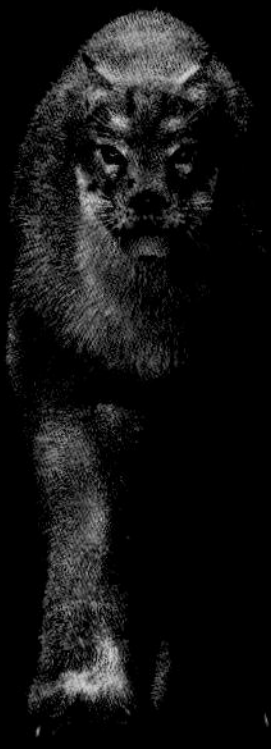

正面

側面

動物に好かれるタイプ。そんな人をしばしば見かける。浴衣を着込み、夏祭りの会場からやってきた少女も、その一人だ。神社の縁側で丸くなるネコは、少女にされるがまま、気持ち良さそうに喉を鳴らす。そして、その様子を見たメタイルルス・マジョル（*Metailurus major*）が、「次は、ボクの番」とばかりにやってきた。

メタイルルスは、いわゆる「サーベルタイガー」の一つだ。よく見ると、口には長い犬歯が見える。全体的な姿、現生のピューマ（*Puma concolor*）と似ているけれども、比較的後ろ脚が長いことを特徴とする。

“史実”において、メタイルルスは新生代新第三紀から第四紀までの長期間にわたって栄えたネコ類だ。メタイルルス属自体は、ヨーロッパをはじめ、中国やアフリカなど、世界各地のさまざまな場所に生息していた。メタイルルス属には複数種が確認されており、このうち、メタイルルス・マジョルはブルガリアから化石が見つかった種である。

人類の歴史も新生代新第三紀に始まるから、人類とメタイルルスの時代は重複する。これだけ広範囲に分布していたメタイルルスである。ひょっとしたら、どこかで人類と出会っていたかもしれない。もっとも、人懐こい個体がいたかどうかは、不明である。

Megantereon cultridens

【メガンテレオン・クルトライデンス】

新第三紀の陸

分類	哺乳類 有胎盤類 食肉類 ネコ類
産出地	南アフリカ、ヨーロッパ各地
頭胴長	1.4m

正面　側面

森の中を冒険していると、小さな沢の上に1本の倒木があった。まるで橋のように、沢のこちらの岩から向こうの岩へと倒れている。せっかくなので、膝をつき、手をついてこの“橋”を渡ろう。焦らずに、ゆっくりと……。

ふと、何かの気配を感じて顔をあげると、そこには牙の長いネコ類がいた。思わず硬直してしまう。

少女が出会ったのは、メガンテレオン・クルトライデンス（*Megantereon cultridens*）。どことなく、現生のジャガー（*Panthera onca*）と似ているが、ジャガーよりも筋肉質で長い首を持ち、そして長い犬歯（牙）をもっている。

メガンテレオンは、いわゆる「サーベルタイガー」の一つ。本書でこれまで見てきたように、そして、これから見ていくように、「長い犬歯」をもつネコ類はけっして珍しくない。メガンテレオンは、サーベルタイガーの代表として知られるスミロドン（154ページ）に近縁な存在で、より原始的とされる。どことなく美しささえ感じられるその姿は、「強さと優美さのバランスがとれている」と評される。

さて、少女はこのあと、どうなったのだろう？

“本書の設定”としては、このメガンテレオンは橋をわたる少女を見守るために、あるいは手助けするためにやってきた、としたいところだ。

Leptocyon vafer

【レプトキオン・ヴァファー】

新第三紀の陸

分 類	哺乳類 有胎盤類 食肉類 イヌ型類 イヌ類
産出地	アメリカ、カナダ
頭胴長	50cm

正面　側面

砂浜でデート。甘酸っぱい青春の1ページ。そして、そこには……レプトキオン・ヴァファー（*Leptocyon vafer*）がいた。

レプトキオン?　イヌじゃないの?

そう思った人もいるだろう。そのサイズ、その姿。彼、あるいは彼女の「飼い犬」がともに砂浜にやってきた……、としても違和感はないかもしれない。実際、レプトキオンの姿はイヌとそっくりだし、事実としてイヌの仲間でもある。

ただし、イヌ（*Canis lupus familialis*）そのものではない。

“史実”におけるレプトキオンは、イヌ類の進化における“重要種”だ。現生のイヌを含むイヌ属（*Canis*：ジャッカル、コヨーテ、タイリクオオカミなど）の祖先に位置付けられている。

レプトキオン・ヴァファーは新生代新第三紀中新世《ちゅうしんせい》に生きていた種だ。ただし、レプトキオン属には他にも数種が存在し、レプトキオン属全体でみれば新生代古第三紀漸新世《ぜんしんせい》から1000万年を超える長い命脈をもっていた。この間にレプトキオン属からイヌ属が生まれ、現生のイヌたちへ命脈を繋いできたと考えられている。

レプトキオンは、12ページで紹介したヘスペロキオンの“次の段階”にあたる。ヘスペロキオンと比べるとからだはひと回り大きくなり、足は現生のイヌ類と同じようにつま先で歩く趾行性《しこうせい》となっている。

Borophagus diversidens

【ボロファグス・ディヴェルシデンス】

分 類	哺乳類 有胎盤類 食肉類 イヌ型類 ボロファグス類
産出地	アメリカ、メキシコ
肩 高	60cm

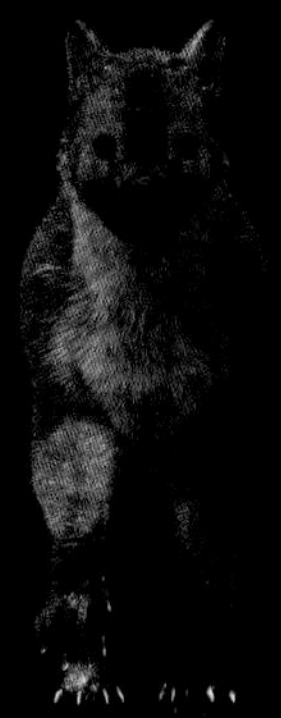
正面

側面

人命救助から犯罪捜査、犯人逮捕までさまざまな場面に活躍する警察犬。その警察犬とともに活動する警察官は少女の憧れの的だ。だから、たまには自分の家にいる愛犬とともに、こうしてキッチリと服装をキメて、“警察犬ごっこ”に興じる。

ただし、少女に付き合う“愛犬”は、実はイヌ(*Canis lupus familialis*)ではない。その学名は、ボロファグス・ディヴェルシデンス（*Borophagus diversidens*)。イヌ類の近縁にあたるボロファグス類の代表種である。

ボロファグスは、一般家庭で飼育できるサイズの哺乳類の中では、「最強」の称号をもつものの一つだ。獲物の肉を噛みちぎることに適した切歯、獲物を骨ごと噛み砕くことに適した頑丈な臼歯。そして、それらを活かす頑丈な顎。「ボーン・クラッシャー」としての特徴をしっかり備えている。警察犬はともかくとしても、番犬としては最適かもしれない。

“史実”におけるボロファグス類は、イヌ類のヘスペロキオン（12ページ）にやや遅れて出現した。その後、北アメリカ大陸において多様化し、繁栄した。ボロファグス・ディヴェルシデンスは、そうしたボロファグス類の最後の種で、とくに大型だ。このグループが姿を消したのは、新第三紀末のことだ。

残念ながら、現在の地球にはいないボロファグスだけれども、もしも生き続けていたら、私たちヒトの良き友となったかもしれない。

Amphicyon ingens

【アンフィキオン・インゲンス】

新第三紀の森林

分 類	哺乳類 有胎盤類 食肉類 イヌ型類 アンフィキオン類
産出地	アメリカ
頭胴長	2m

新第三紀
約2300万年前~約258万年前

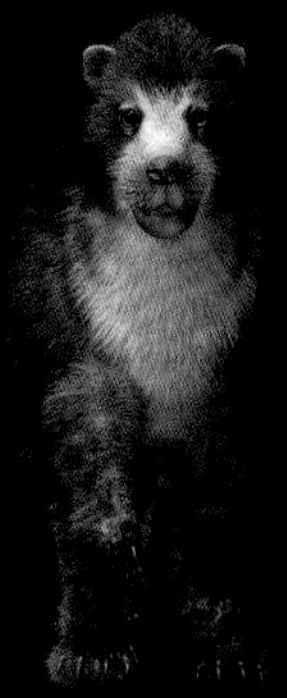

正面

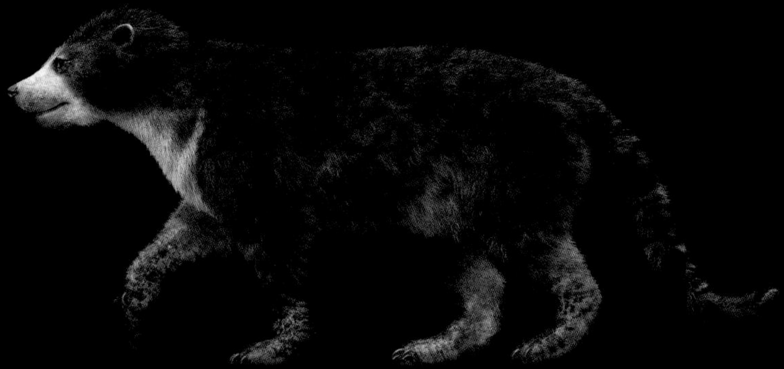

側面

今、ある教室では「珍しい“看板犬”と一緒にヨガを楽しむことができる」と話題だ。人懐こいそのイヌは、生徒がヨガを始めると隣にやってきて、同じポーズを取ろうとする。ちょっとからだは大きいけれど、その愛らしさに惹かれ、教室の人気はうなぎのぼり。時間帯によっては、定員オーバーで、キャンセル待ちという。

さて、このイヌは「イヌ」とはいってもあまりイヌらしくない。からだが大きいことを置いておくとしても、首も四肢もずいぶんとがっしりとしている。その名は、アンフィキオン・インゲンス（*Amphicyon ingens*）。イヌとはいっても、「イヌ型類《けいるい》」という上位分類群に属するだけで、いわゆるイエイヌの属する「イヌ類」とは異なる「アンフィキオン類」の動物だ。

アンフィキオンは、「典型的なクマイヌ」と評されるほどで、どちらかといえば、イヌというよりはクマに近い。体格はヒグマ並みだし、イヌとはちがって踵《かかと》をつけて歩く蹠行性《しょこうせい》だ。ただし、歯の形はオオカミなどのイヌ類に似る。

“史実”におけるアンフィキオン類は、イヌ類に先行する形で繁栄していたグループだ。アンフィキオン類が存在していた間は、イヌ類が勢力を伸ばすことがなかったとされるほどの“ツワモノ”である。

Merychippus insignis

【メリキップス・インシグニス】

新第三紀の草原

分類	哺乳類 有胎盤類 奇蹄類 ウマ類
産出地	アメリカ
肩高	90cm

正面　側面

旅の友にウマを連れていくとしたら、メリキップス・インシグニス（*Merychippus insignis*）がよいかもしれない。メソヒップス（16ページ）やエオヒップス（14ページ）よりも大きなからだは、ちょっとした荷物ならば運んでくれるので心強い。それでいてさほど場所はとらないので、電車に乗るときにもちょっとした追加料金を支払えば大丈夫。きちんとしつけておけば、あなたの一人旅をきっと豊かなものにしてくれることだろう。ヒトだろうと、ウマだろうと、友のいる旅というのは、楽しいものだ。

さて、“史実”におけるメリキップスは、ウマ類の進化において、メソヒップスの次のステップに位置付けられている。メソヒップスがそうであったように、メリキップスの足にも3本の指がある。そのため、メソヒップスと比較した時、「単純に大型化しただけ」に見えるかもしれない。

しかし、メソヒップスとメリキップスのちがいは外見でわからないところにあらわれている。それはとても重要なちがいだ。

歯が変わった、のである。

メリキップスの歯には高さがあり、硬いものを食べてすり減っても、そう簡単には消えないようになっていた。

この歯を手に入れたことで、ウマ類は草食に適応し（草は硬いのだ）、草原に本格的に進出していくことになる。

Hipparion primigenium

【ヒッパリオン・プリミゲニウム】

分類	哺乳類 有胎盤類 奇蹄類 ウマ類
産出地	アフリカ、ヨーロッパ
肩高	1.5m

新第三紀
約2300万年前~約258万年前

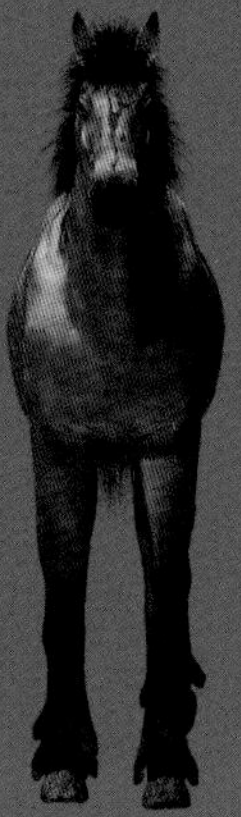

正面

側面

トレーニングを終えて、乗馬したまま記念撮影。……と、1頭だけ、“何か”が異なっていることに気づかれただろうか。

並ぶ4頭のうち、1頭だけ異なるウマ。このウマの名前をヒッパリオン・プリミゲニウム（*Hipparion primigenium*）という（ちなみに、右から2頭目だ）。人によっては、ヒッパリオン属ではなく、ヒッポテリウム属に分類することもあるウマだ。

“史実”におけるヒッパリオンは、ウマ類の歴史の中でも、堂々の繁栄をみせたウマとして知られている。ヒッパリオン・プリミゲニウムこそアフリカとヨーロッパに限定されているけれども（それでも、南アフリカからスペイン、トルコまで広範囲だ）、ヒッパリオン属そのものは、北アメリカとアジアにも分布域を広げていた。当時、世界に広がってきていた草原に見事に適応していたのである。

……さて、記念撮影する他の3頭のウマと異なる“何か”。それは、本書でこれまでに紹介してきたウマたちと同じポイントではある。「足の指の本数」だ。その本数、前後3本指。ただし、両端の指はかなり縮小し、よく見ないとわからない大きさ。もちろん、接地はしていない。そして、中央の指はだいぶ蹄《ひづめ》らしくなっている。そんなヒッパリオンは「三《さん》指《し》馬《ば》」とも呼ばれている。残念ながらいかに繁栄しようともすでに絶滅しており、現実世界であなたが乗馬するのは難しそうだ。

Platybelodon grangeri

【プラティベロドン・グランゲリ】

新第三紀の森

分 類	哺乳類 有胎盤類 長鼻類
産出地	中国
肩 高	2m

正面

側面

　秋も深まり、毛糸の帽子が欲しくなる。そんな季節の悩みのタネが、大量の落ち葉だ。庭先、道端、公園。さまざまな場所に舞い落ちる枯れ葉の処理に苦労している人も多いことだろう。風流だけれども、厄介だ。

　そんな時の心強い助っ人が、プラティベロドン・グランゲリ（*Platybelodon grangeri*）である。プラティベロドンは、長鼻類《ちょうびるい》に属する哺乳類。広い意味で、プラティベロドンはゾウ類の親戚筋にあたる動物である。ただし、ゾウ類とは異なって、下顎の前歯が平たくなり、左右でくっついている。上顎の牙も長くない。

　おかげで、ほら、このとおり！

　落ち葉集めに最適だ。これからの季節、雪が降ってきたときにもありがたい助っ人である。力強い雪かきをみせてくれそうだ。

　さて、長鼻類だけれども、ゾウ類と比べるとプラティベロドンの鼻は、それほど長くない。よく見ると、頭部は前後に長いし、首もやや長い。からだのサイズ（肩の高さ）もゾウ類と比べてあまり大きいといえない。

　前後に長い頭部、やや長い首、低い肩。こうした点を考えれば、鼻が長くないのもの、むべなるかな。地面のものをとったり、水を飲んだりするのに、長い鼻が必要ではないのだ。“史実”におけるプラティベロドンは、長鼻類が大型化し、鼻が伸長していく過程に出現した種類の一つに位置付けられている。

Gomphotherium productum

【ゴンフォテリウム・プロドゥクトゥム】

新第三紀の森林

分類	哺乳類 有胎盤類 長鼻類 ゴンフォテリウム類
産出地	アメリカ
肩高	3m

正面

側面

3頭のゾウが、仲良く並んでいる。実に微笑ましい光景だ。この3頭は家族だろうか。向かって左のアジアゾウが、中央のアジアゾウに何か食べ物を与えているようだ。そして、右の……いや、ちょっと待って。右の"ゾウ"は、アジアゾウじゃない！

まず気づくのは、牙。右の個体は、上顎の牙はまだしも、下顎にも牙がある。そんなアジアゾウはいない。いや、そもそもゾウじゃない。上顎の牙もゾウとは"しなり"の方向が異なるし、その先端が外側を向いている。

でも、鼻は長い。

いったい、この動物は何？

この動物こそは、ゴンフォテリウム・プロドゥクトゥム（*Gomphotherium productum*）。アジアゾウ（*Elephas maximus*）やアフリカゾウ（*Loxodonta africana*）たちと同じ長鼻類《ちょうびるい》には属しているものの、ゾウ類ではなく、「ゴンフォテリウム類」という絶滅した独自のグループをつくる、その一員である。

"史実"においては、ゴンフォテリウム・プロドゥクトゥムこそアメリカからしか化石は発見されていないものの、ゴンフォテリウム属の別種の化石は世界各地で発見されており、日本からも報告がある。ゴンフォテリウム類は、アフリカ起源の長鼻類においてはゾウ類よりも原始的な存在とされるが、その生息域はアフリカにとどまらず、アフリカを脱してアジア、ヨーロッパ、北アメリカと非常に広範囲に広がっていたのである。

Stegotetrabelodon syrticus

【ステゴテトラベロドン・シルティクス】

分 類	哺乳類 有胎盤類 長鼻類 ゾウ類
産出地	リビア、イタリアほか
頭胴長	2.5m?

新第三紀
約2300万年前~約258万年前

正面

側面

「何か手伝おうか」

そんな頼もしい言葉をかけてきたのは、長い牙をもったゾウ類だった。でも、見慣れたゾウ類とは少しちがう。

牙の数が4本。他のゾウ類のような上顎の2本だけではなく、下顎の先端にも長い牙を2本備えていた。

なんとも心強い存在だけれども、さて、この牙をどのように使えば効率的なのか、ちょっと悩んでしまいそうだ。……地面を掘ることができるのだろうか?

4本の牙が特徴的なこのゾウ類の名前は、ステゴテトラベロドン・シルティクス（*Stegotetrabelodon syrticus*）。4本の牙ばかりが目立つけれども、下顎の前部が斜め45度の方向で下がっているという特徴もある。仮に牙がなかったとしても、かなり特徴的な面構えの持ち主だ。肩高は2~2.5mとみられているが、4mに達したという指摘もある。

ステゴテトラベロドンは、マンモスの仲間やナウマンゾウ、現生ゾウ類などと同じグループに属している。こうしたゾウ類の牙は弧をえがいて伸びるが、ステゴテトラベロドンの牙はほぼまっすぐだ。

“史実”において、ステゴテトラベロドンは、ゾウ類の歴史の中で最初期に登場した。ステゴテトラベロドン・シルティクスのほかにも複数の種が報告されており、そうした化石がアフリカ各地から発見されている。

Deinotherium giganteum

【デイノテリウム・ギガンテウム】

新第三紀の森林

分 類	哺乳類 有胎盤類 長鼻類 デイノテリウム類
産出地	ウクライナ、オーストリア、ギリシャ、パキスタン、ケニアなど
頭胴長	4m

新第三紀～第四紀
約2300万年前～現代

正面

側面

心強い助っ人がやってきた。今日の農作業ははかどりそうだ。

助っ人の名前は、デイノテリウム・ギガンテウム（*Deinotherium giganteum*）。ゾウ類と同じ長鼻類《ちょうびるい》に属するけれども、ゾウ類とは別のグループに分類される動物である。その肩の高さ（肩高《けんこう》）が実に4mにおよぶ大型獣だ。これだけの肩高をもつ陸上哺乳類はそうそういない。48ページで紹介したパラケラテリウムがわずかに上回るくらいで、ゾウ類では164ページのコロンビアマンモスがほぼ同サイズだ。

デイノテリウムの特徴は、その下顎にある。アゴの先端にある牙が下方に向かって反り返っているのだ。土を耕すにあたって、これほど心強い特徴はないだろう。広大な耕地をもつ農家としては、ぜひ1頭飼育しておきたいところだ。

“史実”においては、デイノテリウムは主にヨーロッパで栄えた長鼻類である。下顎の牙はかねてより注目されてきたけれども、実はその用途に関してはよくわかっていない。「植物の根を掘り起こすために用いられた」「水中で休んで眠るときに岸辺に自身をつなぎとめるために使われた」「樹木の皮をはがして食べる際に使われた」などのさまざまな見方があるが、いずれも、その見方を“一歩進めるための証拠”が発見されていない。

もしも生きているデイノテリウムに会うことができるのなら、真っ先に観察すべきは、やはりその下顎の使い方になるだろうか。

Phorusrhacos longissimus

【フォルスラコス・ロンギシムス】

分 類	鳥類ノガンモドキ類 フォルスラコス類
産出地	アルゼンチン
体 高	1.6m

新第三紀
約2300万年前~約258万年前

新第三紀の陸

正面

側面

「おつかれ~!」

どこかで見た居酒屋で、どこかで見たメンバーが、今日も楽しく一杯……。あれ? メンバーが少しちがう? メンバーの中心にいた鳥って、こんなに小さかったかな? “ヒトあらざるもの”が混ざっている点は変わりはないものの、前に見たその鳥はもっと大きかったような……。

ここまで読んで「なんのこと?」と思った方は、26ページを読み返してみてほしい。

このメンバーに何があったのかはわからないけれど、たしかにメンバーの中心にいた鳥は、26ページのころと変わっている。新たなメンバーとして、仕事終わりの一杯を楽しんでいるこの鳥は、フォルスラコス・ロンギシムス(*Phorusrhacos longissimus*)だ。

フォルスラコスは、26ページのガストルニスと同じく“飛べない大きな鳥”である。ただし、ガストルニスとは異なり、こちらは肉食性だ。獲物を骨ごと噛み砕くという強力な顎を備え、「恐鳥類《きょうちょうるい》」とも呼ばれる鳥たちの代表的な存在である。

“史実”におけるフォルスラコスは、ガストルニスとは生きていた時代も、生きていた場所も異なる。またフォルスラコスは、こう見えても現生種も確認されるノガンモドキ類に分類されている。ただし、ガストルニスもフォルスラコスもともにビールを飲むことができたかどうかは、実は……定かではない。

“MEGALODON”

【“メガロドン”】

新第三紀の海

分類	軟骨魚類 新生板鰓類 サメ類
産出地	世界各地
頭胴長	15m?

正面

側面

「さあ、海に返すぞ。準備はいいか!」

屈強な男たちが今、巨大なサメを運んできた。いったいどんな事情があって、この巨大ザメを運ぶ事態になったのか。……ちょっとわからない。

この巨大ザメは、「メガロドン」の通称で親しまれている。……親しまれているのではあるが、実は謎の多いサメである。

まずは、学名。「メガロドン」はあくまでも通称で、その通称は種小名の「*megalodon*」に由来するもの。一般的に生物名として使われることの多い属名は、どうにも定まっていないのだ。かつては現生のホホジロザメ(*Carcharodon carcharias*)と同属であるとして、カルカロドン・メガロドン(*Carcharodon megalodon*)とするケースが多かったが、近年では近縁ながらも別の科の一属であるのカルカロクレス・メガロドン(*Carcharocles megalodon*)、あるいは、オトダス・メガロドン(*Otodus megalodon*)とするケースが多い。

全長値も不明だ。10mを超える巨体であることには間違いない。しかし、10mをどのくらい超えるのかについては諸説ある。今回は、15mという値を採用しているが、これもすべての研究者に受け入れられている値ではない。15m超は極めてまれ、という指摘もある。

そんな謎のサメ。「ちょっと怖いな」と思われるかと思うが、ご安心を。“史実”では、350万年以上前に滅んだとされている。

Fortipecten takahashii

【フォルティペクテン・タカハシイ】

分類	軟体動物 二枚貝類
産出地	日本
殻幅	16cm

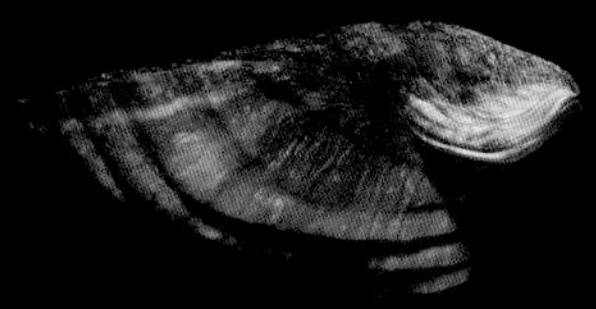
側面

右殻

左殻

東京都内のあるアニメ制作会社の、あるアニメの制作風景の一コマだ。この会社では、書類が風で飛ばぬよう、ある二枚貝を重石として用いている。

その二枚貝こそ、フォルティペクテン・タカハシイ(*Fortipecten takahashii*)。「タカハシホタテ」と呼ばれるホタテガイ だ。

ホタテガイを文房具的に用いるなんて、なんてお洒落だろう。

「……っと、このホタテガイ、何か形が変では?」

気づかれただろうか。タカハシホタテは、いわゆる“普通のホタテガイ ”にはあらず。右殻が大きく膨らんでいるのだ。

そして、重い。ふむ。なるほど。重いのである。たしかに文鎮の代わりとしてふさわしいかもしれない。

“史実”におけるタカハシホタテは、かつて東北日本沿岸からカムチャツカ半島にかけておおいに繁栄し、そして絶滅した。日本でも北海道から東北日本にいたる各地で化石が多産する。化石愛好家にとっては、身近な化石の一つとして親しまれている。実際、タカハシホタテの化石を文鎮として使っている人もいるかもしれない。

なお、現生のホタテガイは、左右の殻の開閉運動を利用して泳ぐことができるが、タカハシホタテは(幼くて軽かった時期はともかくとして、成長すると)重くて泳ぐことはできなかったとみられている。

Sivatherium giganteum

【シバテリウム・ギガンテウム】

分類	哺乳類 鯨偶蹄類 キリン類
産出地	インド
肩高	2m

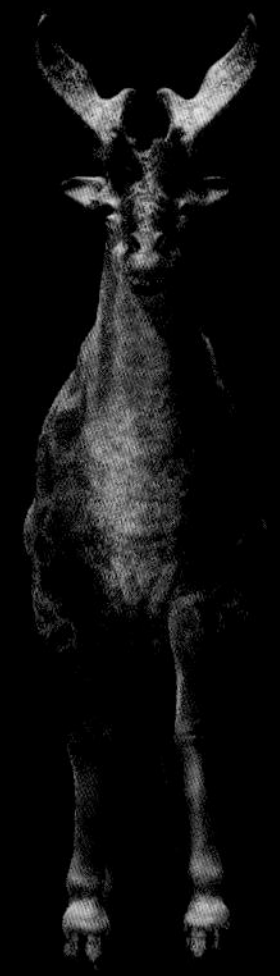
正面

側面

オカピ（*Okapia johnstoni*）を見たことがあるだろうか？　1901年にアフリカで初めてその姿が確認されたとき、ウマ類と考えられた哺乳類である。その後、キリン類ということがわかった。現在では「世界三大珍獣」の一つとされている（ちなみに残りの2種は、ジャイアントパンダ（*Ailuropoda melanoleuca*）とコビトカバ（*Choeropsis liberiensis*）である）。

この動物園では、そんなオカピとともに、シバテリウム・ギガンテウム（*Sivatherium giganteum*）が飼育されている。シバテリウムもまたキリン類の一員だ。ただし、オカピほどではないにしろ、キリンと比べるとその首は短い。

“史実”においては、キリン類は首の短い祖先から進化して、首が長くなっていったと考えられている。その途上で、現生のキリンへつながるグループと、オカピへつながるグループに分かれた。そして、オカピへつながるグループでは、首が短くなっていったようだ。シバテリウムはまさにその途上にいた種類とされる。

シバテリウム・ギガンテウムはインドの産だが、シバテリウム属には複数の種が確認されており、属全体の分布域はアフリカ各地からヨーロッパ、ロシアと広大だ。現在では「珍獣」と呼ばれるほど珍しいオカピだけれども、その仲間はかつて広い範囲に生息していたのである。

Samotherium boissieri

【サモテリウム・ボイッシエリ】

分類	哺乳類 鯨偶蹄類 キリン類
産出地	ギリシア、イラク、モルドバ
肩高	1.5m

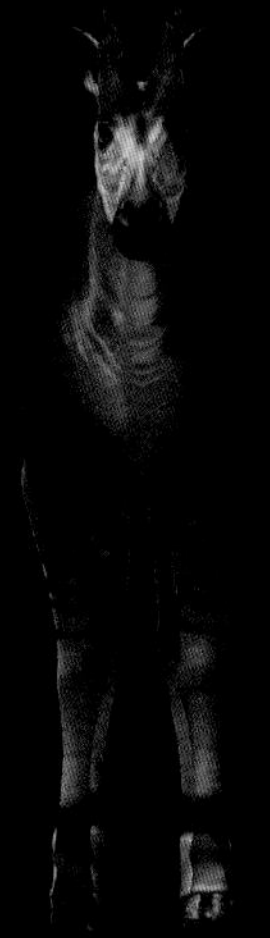
正面

側面

マサイキリン（*Giraffa camelopardalis tippelskirchii*）とサバンナシマウマ（*Equus quagga*）の群れがやってきた。車を停めて、彼らが車道を渡り切る様子をしばし待つ。奥側をシマウマ、手前をキリンが横切っていく。

「キリンってやっぱり、首が長いなあ」

そんな“当たり前のこと”に思いを馳せながら、なんとなく群れを見ていると……。

「?」

キリンの群れの中に、何か別の動物が混ざっていた。

「!」

キリンの群れの中に混ざる“別の動物”。この動物の名前をサモテリウム・ボイッシエリ（*Samotherium boissieri*）という。

もっとも、サモテリウムは完全に“別の動物”というわけではない。こう見えてもキリンの“親戚”で、同じキリン類のメンバーだ。

“史実”においては、サモテリウムはキリン類における、キリン属（*Giraffa*）登場前の動物だ。首の短い祖先がいて、首が長くなる過程に出現したとされる。つまり、現生のキリン登場の途中にいた動物といえる。

残念ながらサモテリウムは新第三紀の間に姿を消している。いくらサバンナを探しまわっても、キリンの群れの中を探しても、こうした光景を見ることはできない……はずである。

Chalicotherium goldfussi

【カリコテリウム・ゴルドフッシ】

新第三紀の陸

分類	哺乳類 奇蹄類 カリコテリウム類
産出地	オーストリア、ギリシア、ハンガリーほか
肩高	1.8m

正面　側面

そのバーでは、席に座るだけでカクテルを出してくれる。こちらの表情を読み取って、マスターのおすすめの一杯をそっと。

ちなみに、そのマスターはヒトではない。カリコテリウム類のカリコテリウム・ゴルドフッシ（*Chalicotherium goldfussi*）である。長い腕先にある鉤爪《かぎづめ》で、器用にグラスを供したあとは、こちらが話を始めるまで、そっと優しい目で待ってくれる。

そんな“行きつけ”をお持ちの読者はどのくらいいるだろう？

さて、カリコテリウムは、こう見えても「奇蹄《きてい》類《るい》」の仲間である。奇蹄類とは、ウマやサイの仲間で構成されるグループだ。

あれ？……と気づいた方は鋭い。奇「蹄」類であるにもかかわらず、カリコテリウムの四肢の先端は「蹄《ひづめ》」ではない。とくに前足の先端にあるのは「鉤爪」となっているのだ。「前脚が後ろ脚よりもかなり長い」という点もあわせて、この動物の大切な特徴である。

もっとも、実際にグラスをつかむことができたかどうかは定かではない。歩くときは、鉤爪を内側に向けて拳を着き、いわゆる「ナックル・ウォーキング」をしていたとみられている。

残念ながら、カリコテリウム類そのものが絶滅しており、カリコテリウムも近縁種も……まして、彼らが運営するバーも、現実世界には存在しないはずである。

Astrapotherium magnum

【アストラポテリウム・マグヌム】

新第三紀の水辺

分類	哺乳類 有胎盤類 輝獣類
産出地	アルゼンチン
頭胴長	3m

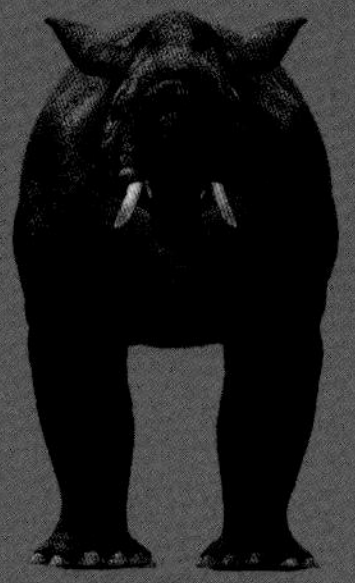
正面

側面

少女には2頭の“友”がいる。

1頭は、ポニー。小型のウマである。ときに轡《くつわ》をつけ、鞍《くら》を乗せる。

もう1頭は、独特の顔つきをしている。上下の犬歯は長く、鼻もやや伸びている。鼻の長さはゾウのそれというよりは、バクのものに近そうだ。この動物の名前を、アストラポテリウム・マグヌム（*Astrapotherium magnum*）という。

今、少女はポニーにだけ餌を与えているように見えるけれども、これは“依怙贔屓《えこひいき》”をしているわけではない。アストラポテリウムも植物食性なのだけれども、ポニーのように草を食べるわけではない。アストラポテリウムは、木の葉を主食としているのだ。

そのため、少女の朝はまずポニーに牧草を与え、その後、みなで森に移動して、今度はアストラポテリウムに木の葉を与えることが日課になっている。

“史実”においては、アストラポテリウムは、南アメリカ大陸に特有の「輝獣類《きじゅうるい》」というグループの代表的な存在だ。「*Astrapo*」に「稲妻の光」という意味があり、「*therium*」は「獣」を意味している。グループ名自体が、この動物に由来している。輝獣類は、新第三紀末を待つことなく絶滅しているため、残念ながら、現実世界では、このような微笑ましい光景を見ることはできまい（見たいけれども）。

Thylacosmilus atrox

【ティラコスミルス・アトロクス】

新第三紀の陸

分 類	哺乳類 有袋類
産出地	アルゼンチン
頭胴長	1m

正面　側面

キッチンで料理をしていると、ティラコスミルス・アトロクス（*Thylacosmilus atrox*）がやってきた。からだをスリスリと寄せながら甘えてくる。思わず料理をする手を止めて、その喉を撫でてしまう。

ティラコスミルスとともに暮らす家ではお馴染みの光景かもしれない。料理の完成は遅れてしまうけれど、この長閑な時間こそがなによりも愛おしい。

ティラコスミルスの口には、長い牙がある。しかしその牙と同等の長さの突起が下顎から下方へ伸びており、まるで牙に対する鞘のようなつくりになっている。だから、こうして喉を撫でるときには、牙の脅威はほとんど感じない。

あれ？　この姿、どこかで見たような？　そう思って、思わずページを戻った方もいるかもしれない。たしかに、ティラコスミルスは、78ページや82ページで紹介した「サーベルタイガー」たちによく似た姿をしている。

しかし、ティラコスミルスは、どんなに控えめにいっても、「サーベルタイガー」とはいえない。なにしろ、「タイガー」という言葉が示唆するネコ類（あるいはネコ型類《けいるい》）ではない。彼らが所属する食肉類《しょくにくるい》でもなければ、さらに上位の分類群である有胎盤類《ゆうたいばんるい》でさえない。ティラコスミルスは、カンガルーなどと同じ有袋類《ゆうたいるい》の動物なのである。こうした、分類群が異なるにもかかわらず、よく似た姿となる現象は、「収斂《しゅうれん》進化《しんか》」と呼ばれている。

Josephoartigasia monesi

【ジョセフォアルティガシア・モネシイ】

新第三紀の水辺

分類	哺乳類 有胎盤類 齧歯類
産出地	ウルグアイ
全長	3m

正面

側面

「あそこに何かいる!」

少女が何かを見つけた。

彼女の声に呼応して、“愛騎”のジョセフォアルティガシア・モネシイ(*Josephoartigasia monesi*)が顔をあげる。次の瞬間、少女はジョセフォアルティガシアにまたがった。

……そんな、SF映画やファンタジーの場面が似合う1コマである。

ジョセフォアルティガシアは、こう見えても齧《げっ》歯《し》類《るい》だ。齧歯類といえば、ネズミやリスの仲間。つまり、手乗りサイズの種がほとんど。いわゆる「現生の最大種」として知られるカピバラ(*Hydrochoerus hydrochaeris*)でさえ、全長1.4m弱、体重66kgほどだ。

ジョセフォアルティガシアは、そのカピバラの2倍以上の全長と、15倍以上の体重をもつオオモノ。齧歯類というよりは、まるで軽自動車のような巨体である。その意味では「少女の“愛騎”」という幻想的な場面がよく似合う。ちなみに、こう見えても(?)、顎のかむ力が強く、前歯だけでも現生のトラと同程度の威力があった。“冒険の友”とするにはふさわしいかもしれない。

残念ながら、“史実”においては、ジョセフォアルティガシアはすでに絶滅している。どんなに友情を育みたくとも不可能である。でも、そのうち、どこかの創作物で、まさに「子どもたちの友」として描かれるかもしれない。クリエイターのみなさん、いかがですか?

Desmostylus hesperus

【デスモスチルス・ヘスペルス】

新第三紀の海

分類	哺乳類 束柱類 デスモスチルス類
産出地	日本、アメリカ
全長	2.5m

新第三紀
約2300万年前~約258万年前

上面

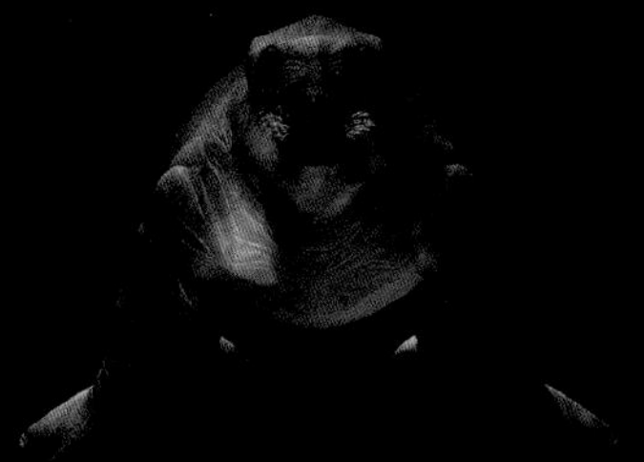

正面

側面

花のお江戸を歩くなら、そのお供にデスモスチルス・ヘスペルス（*Desmostylus hesperus*）はいかが？　これこの通りの存在感。なんとも粋じゃないですか。

え？「デスモスチルスって、何?」ですって?

そんな野暮なことを聞いちゃいけませんぜ。

……というわけにもいかないだろう、本書としては。

デスモスチルスは、68ページのアショロアと同じ束柱類《そくちゅうるい》に属する哺乳類。そして、束柱類の代表種だ。日本的な風景がよく似合うのは、むべなるかな。なにしろ、日本を代表する古生物の一つである。デスモスチルス・ヘスペルスの化石はアメリカでも発見されており、複数種が存在するデスモスチルス属全体でみたときにはサハリンや千島列島で発見された化石もある。それでもなぜか日本産の化石の方が、アメリカやロシアよりも良質なのだ。

そう、デスモスチルスは化石で見つかる古生物である。残念ながら、現代の小江戸の街並みを歩いてもお供してもらうわけにはいかないし、仮に江戸時代までタイムスリップしても、状況は変わらない。

でも、そこは「日本を代表する古生物」。多くの博物館で、化石や復元骨格が展示されている。興味をもったらぜひ、「デスモスチルス」「展示」などのキーワードで検索し、各地の博物館を訪ねてみてほしい。

Paleoparadoxia tabatai

【パレオパラドキシア・タバタイ】

新第三紀の海

分類	哺乳類 束柱類 パレオパラドキシア類
産出地	日本、アメリカ、メキシコ
全長	3m

新第三紀
約2300万年前～約258万年前

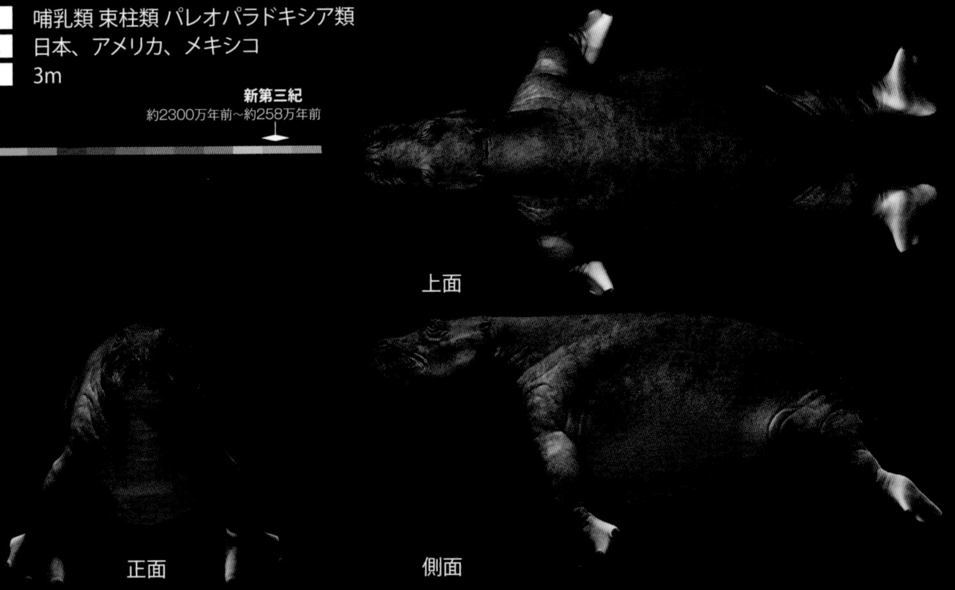

駐車場に車を取りに行ったら、となりでパレオパラドキシア・タバタイ（*Paleoparadoxia tabatai*）が休んでいた。

そんな経験のある人もいるだろう。

パレオパラドキシアは、デスモスチルス（120ページ）と並ぶ、日本を代表する束柱類《そくちゅうるい》だ。一見すると、パレオパラドキシアとデスモスチルスのちがいはわからないかもしれない。実は口を開けばそのちがいは明瞭で、臼歯《きゅうし》や切歯《せっし》の形状が異なる。パレオパラドキシアの臼歯はエナメル質が薄く、切歯は平たいのだ。

もっとも、駐車場で休んでいるパレオパラドキシアは口を閉じていることもある。そんなときに注目すべきは頭部だ。どことなく面長に感じれば、それもまたパレオパラドキシアの特徴である。

……とはいえ、デスモスチルスとパレオパラドキシアの見極めは「慣れ」が必要だろう。街中で出会ったら、じっくりと観察してみることをおすすめする。

“史実”におけるパレオパラドキシアは、すでに絶滅している。謎多き動物であり、この名（属名）も「太古の謎」を意味するほどだ。完全に水棲適応していたのではないか、という指摘もあり、仮にタイムスリップしても陸地で出会うことは難しいかもしれない。しかし、化石であれば、こちらも日本の多くの博物館で展示されているので、ぜひ、訪ねてみて欲しい。

Puijila darwini

【プイジラ・ダーウィニ】

新第三紀の海

分類	哺乳類 食肉類
産出地	カナダ
全長	1m

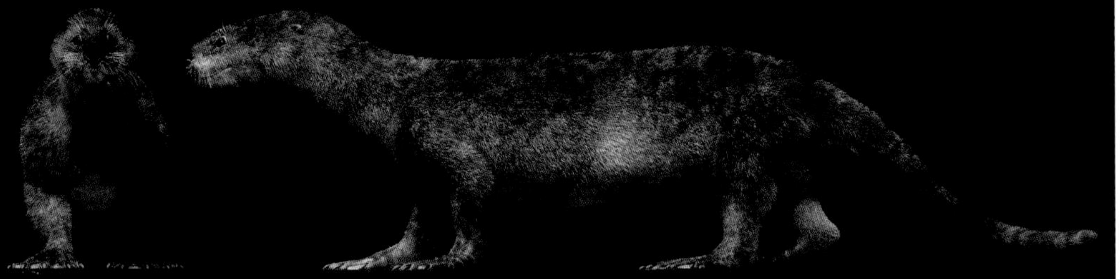

正面　側面

「さて、外に行こうか」

少年がそう呼びかけて準備を始めると、プイジラ・ダーウィニ（*Puijila darwini*）がやってきた。ちょっと肌寒い季節だけれど、家に籠もっていてばかりでは互いに運動不足になってしまう。今日はこれからプイジラとともに、近くの小川まで日課の散歩だ。

プイジラは、「食肉類《しょくにくるい》」である。どことなくカワウソの仲間に見える風態をしているが、カワウソの仲間が属するイタチ類には属さず、むしろ鰭《き》脚類《きゃくるい》（食肉類を構成するグループの一つで、アザラシ、アシカ、セイウチの仲間）に近い。なお、生息地付近では「ペウユラ」とも呼ばれ、こちらの名前で親しまれている場合もある。

“史実”におけるプイジラは、新第三紀がはじまってほどなくカナダの北部に出現した。食肉類の中で上記のような“立ち位置”にあり、鰭脚類の共通祖先に最も近い存在とされている。

つまり、現在では動物園や水族館で人気者のゴマフアザラシ（*Phoca largha*）、カリフォルニアアシカ（*Zalophus californianus*）、セイウチ（*Odobenus rosmarus*）は、いずれもカワウソの仲間に似たプイジラのような祖先から進化し、多様化した動物とみられているのだ。

残念ながらプイジラはすでに絶滅している。カワウソを見て、勘違いされることがないようにご注意されたい。

Allodesmus sinanoensis

【アロデスムス・シナノエンシス】

新第三紀の海

分類	哺乳類 有胎盤類 食肉類 鰭脚類 デスマトフォカ類
産出地	日本
頭胴長	2m 強

正面

側面

アシカショーのハイライト。飼育員の女性に呼ばれたアシカたちが、彼女の頬にやさしくキスをする。

その愛らしい姿に、観客は拍手喝采。「私にもしてほしい」と少年少女が手をあげる。

……“アシカのキス”は、世界各地の水族館で見ることができるショーだ。でも、この水族館ではアシカとともにアロデスムス・シナノエンシス（*Allodesmus sinanoensis*）がその演技を見せてくれることで知られている。アロデスムスのショーを見ることができる水族館はけっして多くない（ちなみに、この写真では向かって右がアロデスムスだ）。

アザラシやアシカの仲間である鰭脚類《ききゃくるい》には、次の四つのグループがある。「アシカ類」「セイウチ類」「デスマトフォカ類」「アザラシ類」だ。アロデスムスは、このうちのデスマトフォカ類に属している。こうしてショーをするときは、アシカと同じような仕草をみせるけれども、実はデスマトフォカ類は、鰭脚類の中でも水中を泳ぐことが得意とされる。

“史実”におけるデスマトフォカ類は、鰭脚類内の絶滅グループであり、アザラシ類に近縁とされる。新第三紀中新世《ちゅうしんせい》（約2300万年前~約533万年前）の間だけに確認され、その後は子孫を残していない。アロデスムスの仲間は複数の種が報告されており、その中には日本をはじめ、アメリカやメキシコから化石が見つかっているものもある。

Ekaltadeta ima
【エカルタデタ・イマ】

新第三紀の陸

分類	哺乳類 有袋類
産出地	オーストラリア
頭胴長	1.5m

正面　　側面

エカルタデタ・イマ（*Ekaltadeta ima*）と暮らしたことがある人ならば、ベッドに乗ってきたエカルタデタと思わずベッドの上で遊んでしまった経験があるだろう。

エカルタデタは、がっしりとしたからだつきの有《ゆう》袋類《たいるい》だ。肉食性で鋭い歯をもっているので、こうして遊ぶためには、実はそれなりの訓練が必要である。もちろん、この女性とともに遊ぶエカルタデタは、すでにそうした訓練を終えている。

“史実”におけるエカルタデタは、オーストラリアの新第三紀を代表する有袋類の一つだ。現在でも、「有袋類といえば、オーストラリア。オーストラリアといえば、有袋類」だけれども、新第三紀当時、すでにオーストラリアでは有袋類がその“覇権”を確立していた。それどころか、当時の有袋類における多様性は現在よりも高く、とくに熱帯雨林の広がる低地には、さまざまな種がいたことがわかっている。しかし、その多くは姿を消していった。

エカルタデタもすでに絶滅しており、残念ながら現実世界でこうしてともに遊ぶのは不可能だ。でも、もしも一緒に暮らすことができたのならば、まずは、しっかりとした訓練を。その後にたっぷりと遊ぶのがよいだろう。もっとも、ベッドの上で遊ぶとなると、ベッドを痛めてしまうかもしれないけれど。それにしても、なぜ、動物って、そこまで“ベッド遊び”が好きなのだ?

Livyatan melvillei

【リヴィアタン・メルヴィレイ】

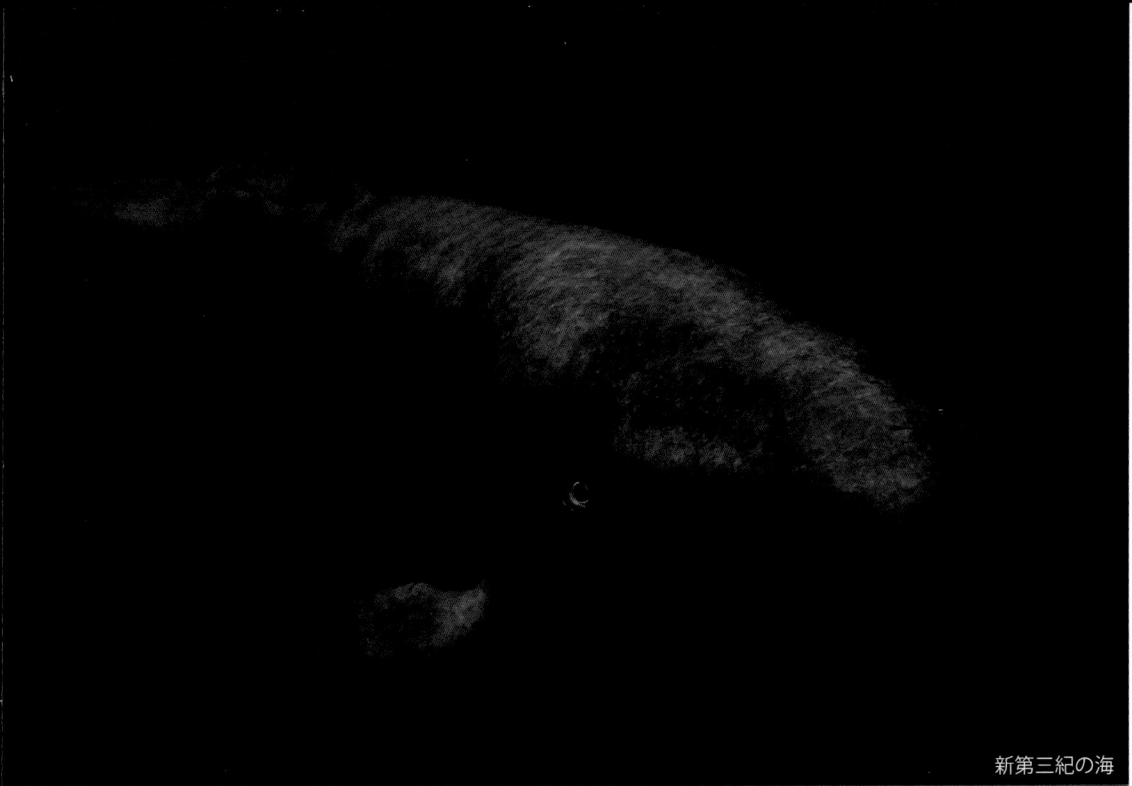

新第三紀の海

分類	哺乳類 有胎盤類 鯨偶蹄類 マッコウクジラ類
産出地	ペルー
頭胴長	17.5m

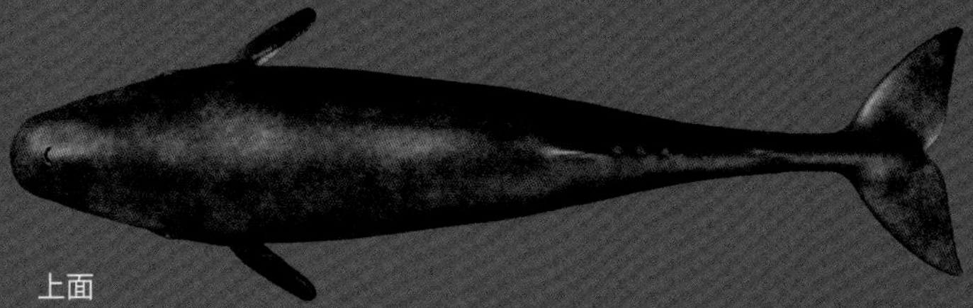

上面

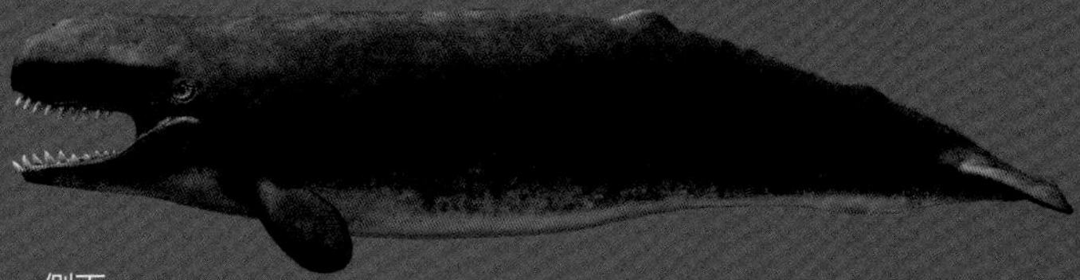

側面

正面

世界のどこかにあるという都市では、数年に1度、空飛ぶクジラがやってくるという。その見た目とサイズは、マッコウクジラとなんとなく似ている。実際、研究者によるとマッコウクジラの近縁種であるという。

しかし、マッコウクジラではない。

よく見ると、このクジラは、上顎にも太く大きな歯が並んでいる。マッコウクジラならば、上顎に歯はないはずだ。

このクジラの名前をリヴィアタン・メルヴィレイ（*Livyatan melvillei*）という。伝説に知られる海の怪物「リヴァイアサン」と、小説『白鯨』の著者に由来する学名である。

恐ろしい歯と名前をもつクジラだが、基本的に空中回遊中は無害だ。彼らの獲物は、海で泳いでいるクジラ類などの大型種で、ある季節になると海に“帰り”、食事に勤しむという。

さて、もちろん、現実世界では空を飛ぶクジラなどいない（はず）。“史実”においては、リヴィアタンは新第三紀中新世の半ば（約1200万年前）に生きていた。同じ中新世の大型海《かい》棲《せい》動物としては、104ページの“メガロドン”を挙げることができる。当時の海は、大型でどう猛な種が跋扈《ばっこ》する世界だったのかもしれない。なお、リヴィアタンの化石は頭骨などの一部だけが知られ、頭骨の大きさは長さ3m、そこに並ぶ歯の高さは実に36cmに達した。

Brygmophyseter shigensis

【ブリグモフィセター・シゲンシス】

新第三紀の海

分 類	哺乳類 有胎盤類 鯨偶蹄類 ハクジラ類
産出地	日本
全 長	5m

ある水族館で、イルカショーの訓練が行われている。笛の合図とともに、女性スタッフと並んで上陸。お客さんに向かって、挨拶をする。そんな趣向だ。

こうしたショーは各地の水族館で見ることができるけれども、この水族館は全国でも珍しく、イルカ以外のハクジラがこのショーに加わっている(念のために書いておくと、イルカは小型のハクジラだ)。イルカよりもずっと大きなからだをもつこのハクジラには、ブリグモフィセター・シゲンシス(*Brygmophyseter shigensis*)という名前がある。「ブリグ……」という覚えにくい名前より、「カミツキマッコウ」という通称の方がよく知られているかもしれない。日本近海に生息するクジラだ。

カミツキマッコウは、その名が示すようにマッコウクジラの仲間である。ただし、マッコウクジラほど大きくはないし、マッコウクジラほど額がせり出してはいない。野生のカミツキマッコウは、マッコウクジラよりも俊敏に泳ぎ、獲物を狩る。

さて、“史実”におけるカミツキマッコウは、リヴィアタン(130ページ)と同じ新第三紀中《ちゅう》新世《しんせい》に生きていた。その化石は、長野県や群馬県、茨城県などで発見されている。残念ながら現生種はおらず、ショーで見ることはかなわないが、本書監修の群馬県立自然史博物館で生態復元模型を見ることは可能だ。

Simbakubwa kutokaafrika

【シムバクブワ・クトカアフリカ】

新第三紀の陸

分類	哺乳類 肉歯類 ヒアエノドン類
産出地	ケニア
頭胴長	3m?

正面

側面

荒野の旅をするとき、その相棒にウマ（*Equus ferus caballus*）だけで心許ない時は、シムバクブワ・クトカアフリカ（*Simbakubwa kutokaafrika*）を同行させてみてはいかがだろう？　この通り、存在感は抜群！　護衛にぴったりである。

シムバクブワは、「ヒアエノドン類」と呼ばれるグループに属している。一見すると、ネコ類のライオン（*Panthera leo*）や、イヌ類のオオカミ（*Canis lupus*）が属する「食肉類《しょくにくるい》」のメンバーに見えるかもしれない。しかし、シムバクブワの属するヒアエノドン類は、食肉類とはまったく別の肉食動物グループ、「肉歯類《にくしるい》」の一翼を担う。“史実”においては、新生代古第三紀から新第三紀にかけて繁栄し、そして、その姿を消した。

実際のところ、シムバクブワは「大型のヒアエノドン類」ではあるけれども、どれほど大きかったのかは定かではない。発見されている部分化石からは、ライオンの最大個体と同程度で、ホッキョクグマ（*Ursus maritimus*）よりは大きいとされる。

それにしても「シムバクブワ・クトカアフリカ」なんて覚えにくい、と思うかもしれない。これは、アフリカ東岸部で使われるサワヒリ語に語源があり、「シムバクブワ（*Simbakubwa*）」には「大きなライオン」、「クトカアフリカ（*kutokaafrika*）」には「アフリカから」という意味がある。

Argentavis magnificens

【アルゲンタヴィス・マグニフィケンス】

新第三紀の空

分類	鳥類 タカ類 コンドル類
産出地	アルゼンチン
翼開長	7m ?

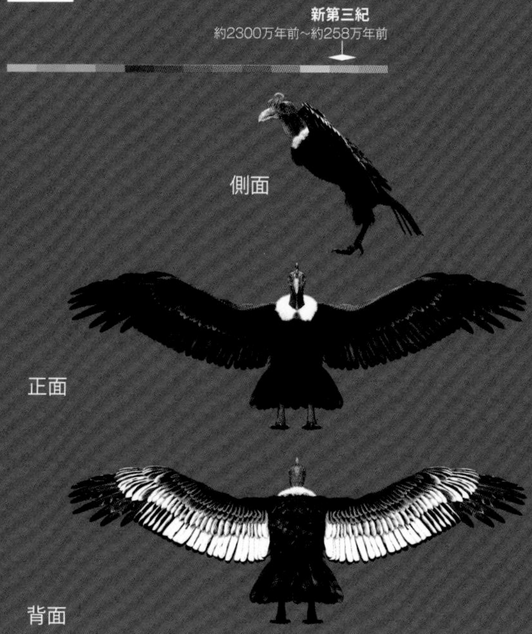

交通渋滞が慢性化した都市では、今、新たな交通手段として大型鳥類の利用が進められている。いくつかの高層ビルには、彼らのための離着陸場が用意され、ビジネスマンは彼らの背中に乗って空を飛ぶ。運賃はタクシーよりもはるかに高額だけれども、定刻通りに目的地に到着することは何よりもありがたい。

そんな"客乗せ鳥類"の中でも、一番人気とされているのは、アルゲンタヴィス・マグニフィケンス（*Argentavis magnificens*）だ。翼開長7mに及ぶ超大型のコンドル類である。"客乗せしないコンドル類"の約2倍の翼開長を誇るアルゲンタヴィスは、安定性抜群の乗りごこちと、時速約70kmという飛行速度が"売り"だ。眼下の道路でゆっくりと進む色とりどりの車を眺めながら、ちょっとした優越感を得て、目的地までの飛行を楽しむことができる。

ただし、揚力を得るためには一定の加速が必要で、そのためには離陸後、"多少"落下しなければいけないという注意点もある。

さて、"史実"においては、アルゲンタヴィスは「史上最大の鳥類」の一つに挙げられているものの、実は発見されている化石は部分的なもので、そのサイズに関しては議論の余地があるとされている。飛行性の動物の常で、骨はあまり丈夫ではなく、なかなか全身の化石が見つからないのだ。

Ceratogaulus hatcheri

【ケラトガウルス・ハッチェリ】

分類	哺乳類 齧歯類
産出地	アメリカ
頭胴長	40cm

正面

側面

「穴掘りってのはなぁ、こうやるんだ！」
「なるほど。参考になりやすっ」

そんな会話がなされているのかどうかは不明だ。

しかし、ケラトガウルス・ハッチェリ（*Ceratogaulus hatcheri*）は今、イヌの穴掘りに見入っている。

ケラトガウルスは、額の2本のツノをトレードマークとする齧歯類《げっしるい》（ネズミの仲間）だ。このツノの他に、頑丈で強力な前脚も特徴としている。その前脚を使って地面に穴を掘り、地中で暮らすのである。はたしてイヌのように勢いよく穴を掘ることができるかどうかは別として、ケラトガウルスは穴を掘り、その穴の中で暮らす。

地中生活をする上で、2本のツノがいったいどのように役立っていたのかは、今もって謎である。雄だけがもつつくりなのではないか、ともいわれているが……そもそも、地中で邪魔にならなかったのだろうか？

“史実”においては、ケラトガウルスはすでに姿を消し、現在では、穴を掘る生態のある“ツノ持ち齧歯類”は確認されていない。イヌが得意満面に穴掘りを披露することも見ることはないだろう。

なお、ケラトガウルスはかつて、エピガウルス（*Epigaulus*）の名前で親しまれていた。近年では、ケラトガウルスの方が多く使われる傾向にある。

Thylacoleo carnifex

【ティラコレオ・カルニフェックス】

新第三紀の陸

分類	哺乳類 有袋類
産出地	オーストラリア
頭胴長	1.3m

新第三紀
約2300万年前～約258万年前

正面

側面

仲良く何を見ているのだろう?

この二匹が見つめるその先に、いったい何があるのだろう?

非常に気になる1枚の写真が撮れた。

手前にいるのは、もちろんイエネコ（*Felis silvestris catus*）だ。そして、奥にいるより大きな動物は、どことなくネコ類に似ている……けれども、ネコ類ではない。こう見えても、カンガルーたちと同じ有袋類《ゆうたいるい》の一員で、その名をティラコレオ・カルニフェックス（*Thylacoleo carnifex*）という。

ティラコレオは、代表的な「肉食有袋類」の一つだ。ネコ類などの食肉類《しょくにくるい》の牙は「犬歯」だけれども、ティラコレオのそれは「切歯《せっし》」である。つまりは、前歯だ。さらに奥歯の一部……前臼歯も前後に薄く伸び、まるで包丁のようになっていた。どちらも「犬歯の牙」こそもたないけれども、明らかに肉食性とわかる。四肢はがっしりとしており、前足では鋭い爪も発達している。優れた狩人としての特徴ばかりだ。

“狩人どうし”、イエネコとも気があうのかもしれない。身を寄せ合う姿は、普段からともに暮らしているようすが窺える。

“史実”のティラコレオは、新第三紀と第四紀の時代を挟んだその前後のオーストラリアに生息していた。全長は1.3mほどしかない。しかし、当時のオーストラリアでは最大サイズの肉食有袋類だった。

Phascolonus gigas

【ファスコロヌス・ギガス】

新第三紀の陸

分類	哺乳類 有袋類
産出地	オーストラリア
頭胴長	1.6m

正面

側面

道路を走る車に対して注意を促す「動物警戒標識」には、土地柄が反映される。日本の場合、シカやクマに対する動物警戒標識が有名だ。オーストラリアの場合、例えば、ラクダ、ウォンバット、カンガルーなどが描かれている。

このうちのウォンバットは、齧歯類《げっしるい》のネズミを大きく太らせた印象のある有袋類《ゆうたいるい》だ。頭胴長は1mに達する。ラクダ、カンガルーと並んでかなりの存在感があり、たしかに車を運転する際には注意が必要だ。動物たちにとっても。車を運転する人間にとっても。

「あれ?」

いつものように車を走らせていると、「頭胴長1m」とは言い難い、もっと大きなウォンバットを見かけた。思わず車を路肩に停め、当局に電話をかけてしまう。

このウォンバットは、頭胴長1.6m、肩高1m、体重200kg。ウォンバットはウォンバットでも「ジャイアント・ウォンバット」の愛称で知られるファスコロヌス・ギガス(*Phascolonus gigas*)だ。こんな大きさの動物が道路を歩いていたら、ファスコロヌスにとっても、車を運転する人間にとっても危険極まりない。当局に速やかに保護してもらわなければなるまい。

もっとも、ファスコロヌスは現在のオーストラリアには生息していない。ファスコロヌスに気をつけて運転する必要はなさそうだ。

Stegodon zdanskyi
【ステゴドン・ツダンスキー】

分類	哺乳類 長鼻類 ステゴドン類
産出地	中国、日本
肩高	3.8m

正面

側面

まるで長城を警備する衛兵のように、ゆっくりと長鼻類《ちょうびるい》がやってきた。長い牙は左右の間隔が狭く、その鼻を牙の間に通すことができないというなんとも変わった長鼻類だ。ステゴドン・ツダンスキー（*Stegodon zdanskyi*）。「ツダンスキーゾウ」とも「コウガゾウ」とも呼ばれる。後者は、黄河流域で最初の化石が発見されたことにちなむ。

もっとも、「○○ゾウ」と呼ばれるからといっても、ツダンスキーゾウは、ケナガマンモス（168ページ）やナウマンゾウ（170ページ）のような「ゾウ類」の所属ではない。長鼻類の中でも「ステゴドン類」という別のグループに属している。

ゾウ類とステゴドン類のちがいはいくつもある。一見してわかるのは、その牙の伸び方だ。ゾウ類の牙は途中で外側にしなり、先端は内側を向く。一方のステゴドン類は、途中で内側にしなるか、ほぼ直線上に伸び、先端は外側に向くのである。ステゴドン・ツダンスキーは、その「内側へのしなり」がいささか極端なのだ。

“史実”において、ステゴドン・ツダンスキーは、化石だけでその存在が確認できる古生物で、実は牙のしなりは生存時のものではなく、死後に地層中で圧縮されたのではないか、という指摘もある。

ステゴドン・ツダンスキーは、日本にやってきて、日本のステゴドン類（のちのページ参照）の祖になったとみられている。

Stegodon miensis

【ステゴドン・ミエンシス】

分類	哺乳類 長鼻類 ステゴドン類
産出地	日本
肩高	3.6m

正面

側面

「ねぇ、そろそろ先へ進もうよ」

そう言わんとばかりに、愛象がやってきた。気持ちの良い新緑の季節、愛象とともに歩く山々。青年は偶然見つけたベンチで一休みをしていたのだけれど、どうにも彼のパートナーは早く先へ進みたいらしい。

パートナーは、ステゴドン・ミエンシス（*Stegodon miensis*）だ。「ミエゾウ」の和名で知られる日本固有種である。ただし、「ゾウ」とはいっても、その学名が示すように「ステゴドン類」という別のグループに属している。「コウガゾウ」と同じ所属だ。

ステゴドン類は、本書では他にも190ページにステゴドン・オウロラエ（アケボノゾウ）を収録している。ステゴドン・ツダンスキー（144ページ）、ステゴドン・ミエンシス、ステゴドン・オウロアエの3種は同じ“系譜”に属するとされ、ステゴドン・ミエンシスはステゴドン・ツダンスキーの子孫、そしてステゴドン・オウロラエの祖先にあたるとされる。この3種を並べると、ある変化を見ることができるのだが……答え合わせは、ステゴドン・オウロラエのページに譲るとしよう。

ステゴドン・ミエンシスの「ミエンシス」と「ミエゾウ」の和名は、三重県から最初に化石が発見されたことにちなむ。その後、化石は福岡県や長野県などでも見つかっている。

Deinogalerix koenigswaldi

【デイノガレリックス・コエニグスワルディ】

分類	哺乳類 無盲腸類 ハリネズミ類
産出地	イタリア
全長	75cm

正面

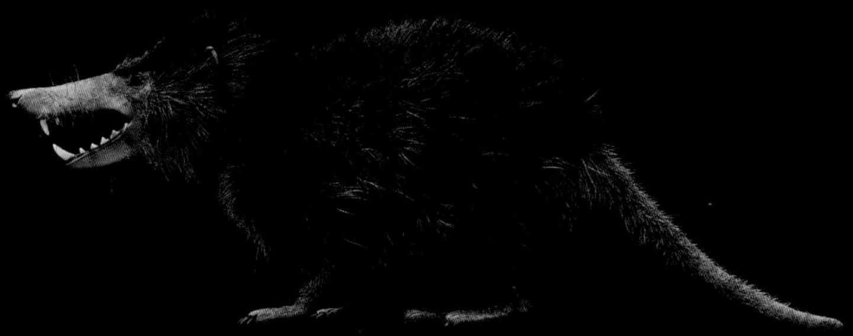
側面

世界のどこかにある動物園。そこでは、動物たちとのふれあいができる一画がある。今日も売店で購入した餌を手に、兄妹が2匹の動物に微笑みかけていた。

今、兄妹の前に立つ動物の内、小さい個体は、ヨツユビハリネズミ（*Atelerix albiventris*）だ。大きな個体は、……こちらもハリネズミの仲間である。その名前は、デイノガレリックス・コエニグスワルディ（*Deinogalerix koenigswaldi*）。

同じハリネズミ類であっても、ヨツユビハリネズミとデイノガレリックスの大きさはずいぶんとちがう。

なぜ、ここまで大きさがちがうのだろう?

そこには歴史が関係している。デイノガレリックスは、イタリアのガルガーノ地方に生息していたハリネズミ類である。ガルガーノ地方は、現在でこそイタリア半島の一部だけれど、かつて島だったことがある。

こうした島では、大型種は小型化し、小型種は大型化することが知られている。小型種の大型化は、天敵となる大型種が少ないため、とされる。“ガルガーノ島”にいたハリネズミ類は、進化によって大型種であるデイノガレリックスを生み出したのである。

なお、“史実”において、デイノガレリックスは絶滅している。世界のどこに行っても、大小のハリネズミ類の“共演”は見ることができない……はずである。

Stupendemys geographicus

【ストゥペンデミス・ジオグラフィクス】

新第三紀の淡水域

分類	爬虫類、カメ類
産出地	コロンビア、ブラジル、ペルー
甲長	2.4m

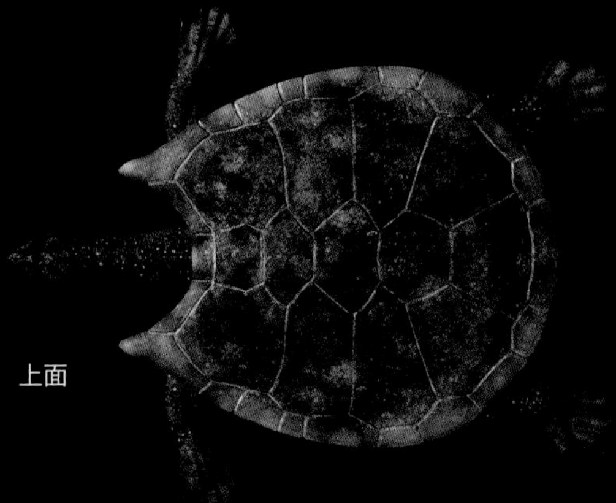

上面

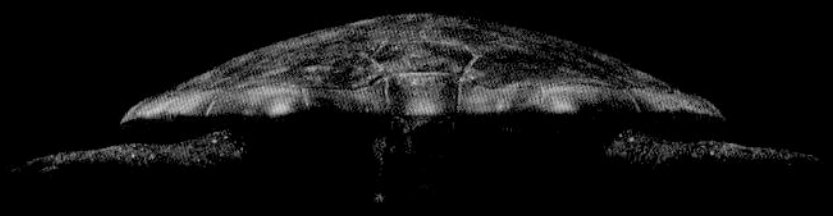

正面

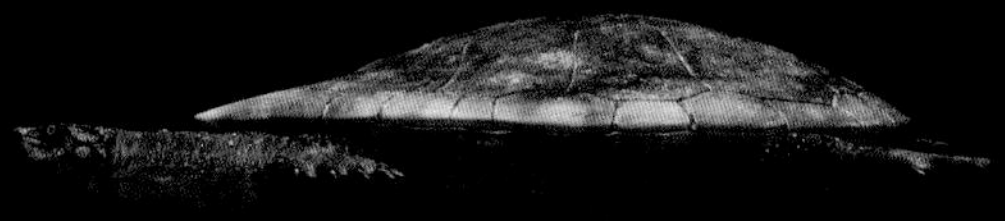

側面

プールに入るときは、その底に注意する必要がある。なぜならば、ひょっとしたら巨大カメのストゥペンデミス・ジオグラフィクス（*Stupendemys geographicus*）が沈んでいるかもしれないからだ。

……この書き出し、この構図。ご記憶の方もいるかもしれない。そんなあなたの手元には、当シリーズの中生代編があるかもしれない。ぜひ、その本の198ページを開いていただきたい。そこには、「白亜紀の巨大カメ」として知られるアーケロン・イスキロス（*Archelon ischyros*）がいるはずだ。サイズ感を比較してみてほしい。

かねてより、「史上最大のカメ」のタイトルホルダーは、まさにそのアーケロン・イスキロスだった。

しかし近年になってストゥペンデミスの再研究が進み、その甲長はアーケロンとほぼ同じか、むしろ少し大きいことが判明した。2020年に発表された研究によると、その甲長は2.4m、推測される体重は1145kgに達するという。近縁とされる現生種の「オオアタマヨコクビガメ」ことペルテケファルス・ドゥメリリアヌス（*Peltocephalus dumerilianus*）と比べて、約100倍という巨体である。

もちろんストゥペンデミスは、絶滅種だ。しかし、現実世界に存在していたとしても、もっと深くて大きなプールを用意すべきだろう。アーケロンと同じように。なお、アーケロンは海水棲だが、ストゥペンデミスは淡水棲である。

第四紀 *Quaternary* period

“最後の地質時代”に到達しました。約258万年前、第四紀が始まりました。第四紀は、最後の地質時代であり、最新の地質時代でもあります。

第四紀は氷期と間氷期が繰り返し訪れた時代です。人類が世界中に拡散し、今日まで続く繁栄の礎を築きました。

そんな時代の古生物は、現在の地球で生きている種と似た姿をしたものがたくさんいます。似ていて……そして、どこかが異なるものたちです。現生種よりも大きかったり、牙やツノが長かったり、“ちょっとしたポイント”が異なっていました。彼らはすでに絶滅していますが、ひょっとしたら現代まで生き残ることができたかもしれない動物たちです。その意味で、次のページから見ていくさまざまな光景のいくつかは、ひょっとしたら実現したかもしれません。そんな「もしも」に思いを馳せてみてください。

ここでは、日本の古生物たちをやや多めに収録しました。彼らの多くは、日本各地の博物館で化石や全身復元骨格が展示されています。本書でサイズ感を堪能されたあとは、ぜひ、各地の博物館を訪ねて、“リアル”を確認してみてください。

Smilodon fatalis

【スミロドン・ファタリス】

分類	哺乳類 有胎盤類 食肉類 ネコ類
産出地	アメリカ、メキシコ
頭胴長	1.7m

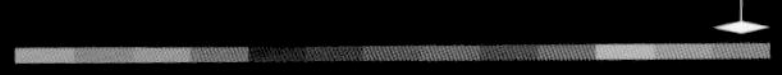

正面　側面

和室に入ってくる陽射しは、気持ちが良いものだ。障子によって日光が柔らかく、そして優しくなる。その光と畳の相性の良さといったら!

そんな和室にごろんと横になり、日向ぼっこしながらゆっくりとすごしたい。そう思うのは、なにもヒトとは限らない。この家では、スミロドン・ファタリス（*Smilodon fatalis*）が和室中央を占拠して、麗らかな午後を過ごしている。

さて、「スミロドン」といえば、「サーベルタイガー」と呼ばれるネコ類の代表的な存在として知られる。サーベルというよりは、鋭いナイフのように薄く長く伸びた犬歯（牙）がトレードマークだ。この歯は15cmもの長さに達し、この長い犬歯を活かすために、下顎は90度以上も開いたとみられている。

“史実”においては、スミロドンは第四紀の北アメリカで大繁栄したネコ類である。とくにロサンゼルスの市街地から産出する化石が有名だ。残念ながらすでに絶滅しており、いきている姿は、野生でも、ロサンゼルスでも、もちろん、和室でも見ることができない……はずである。

Canis dirus

【カニス・ディルス】

第四紀の陸

分類	哺乳類 有胎盤類 食肉類 イヌ型類 イヌ類
産出地	アメリカ、メキシコ、ペルーほか
肩高	80cm

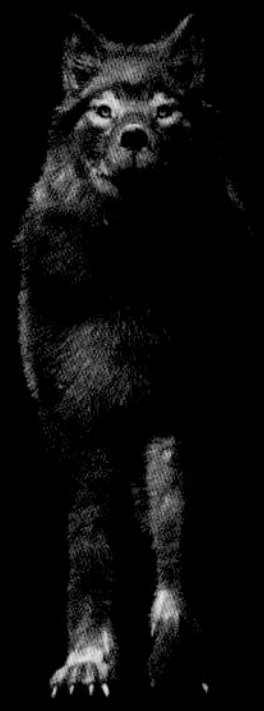

正面

側面

散歩をしていると、自宅の敷地内でイヌを放し飼いにしている家をよく見かける。イヌたちは塀の向こうで自由気ままな時をすごし、しかし、客人の接近を感じ取れば、門扉にまでやってくる。けっしてむやみに吠えることはないが、その客人が本当に「客」なのか、それとも「招かれざる者」なのか、その見極めをするかのように、じっとこちらを見つめてくる。

この家も、そんな放し飼いが行われているようだ。ジャーマン・シェパードと……なにやら大きなイヌがやってきた。

え？　イヌ？　いや、大きすぎないか？　それに何やらがっしりしているし。

この家で、ジャーマン・シェパードとともに飼育されているのは、イヌ（*Canis lupus familiaris*）ではない。その名は、カニス・ディルス（*Canis dirus*）。「ダイアウルフ」の通称で知られる“オオカミ”である。

“史実”においては、ダイアウルフは約100万年前に出現し、南北アメリカ大陸で繁栄した。とくにアメリカのロサンゼルス市にあるランチョ・ラ・ブレアからは、これまでに1600個体以上の化石が発見されていることで知られる。164ページのコロンビアマンモスと同じ時代、同じ地域に生きていた。

残念ながら、約1万年前に滅んでいるので、番犬として飼育している家は世界のどこにもない……はずである。

Arctodus simus
【アークトドゥス・シムス】

分 類	哺乳類 有胎盤類 食肉類 クマ類
産出地	アメリカ、カナダ
頭胴長	2m

第四紀
約258万年前～現代

正面

側面

「お嬢さん」が森の中で出会うものといえば、やっぱり「クマ」だろう。落し物を届けてくれる優しいクマ。

ただし、少女が今日出会ったクマは、ちょっと変わっていた。吻部《ふんぶ》がやや寸詰まりで、四肢が長いのだ。このクマの名前を、アークトドゥス・シムス（*Arctodus simus*）という。「“short-faced” and “long-legged” bear（短顔で、長脚のクマ）」とも呼ばれている。

“史実”におけるアークトドゥスは、第四紀更《こう》新世《しんせい》の北アメリカにおける大型の狩人として知られている。ただし、その生態は謎が多く、何を食べていたのかは実ははっきりしていない。現生のヒグマと似たような生態で、植物の根や茎、果実などを中心に食べる雑食性だったのではないか、とも指摘されている（「雑食性」とはいっても、ヒグマは人間にとって十分危険な動物なので、出会っても不用意に近づかないように）。

アークトドゥスは、現生のグリズリー（*Ursus arctos horribilis*）との競争に負けて絶滅したともいわれている。だから、現代の森をどう歩いてもアークトドゥスと出会うことはないだろうし、落し物を届けてくれることもないだろう。……でも、アークトドゥスにもしも出会ったら、落ち着いた行動を。急な動きで彼を刺激するのは厳禁だ。

Toyotamaphimeia machikanensis

【トヨタマフィメイア・マチカネンシス】

第四紀の水辺

分 類	爬虫類 ワニ類 クロコダイル類
産出地	日本
全 長	6.9 ～ 7.7m

第四紀
約258万年前～現代

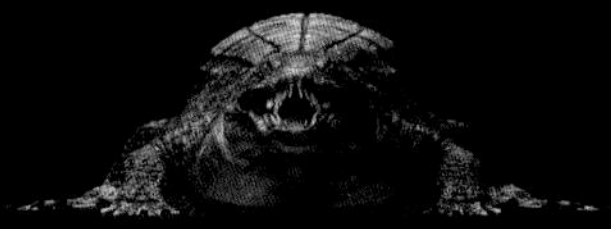

正面

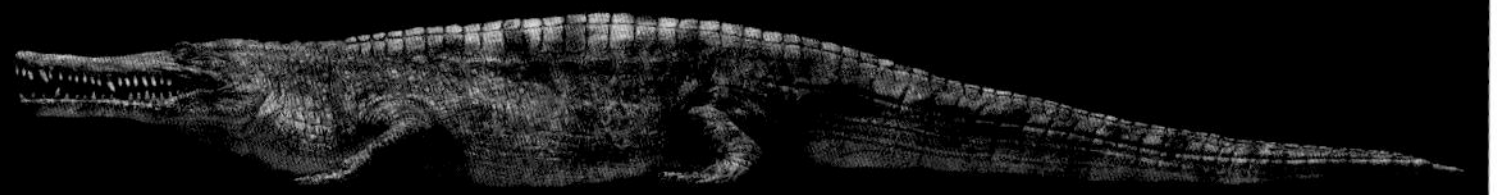

側面

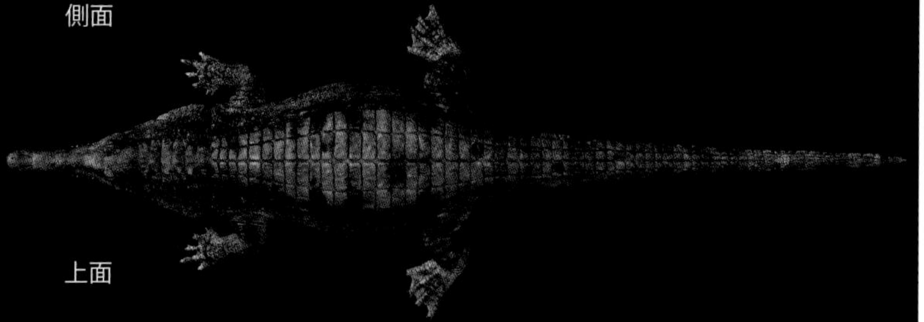

上面

大阪観光は、ワニに任せるのがイイ。

そんな話を聞いたことがないだろうか。

全長6.9mを超える大型のワニに乗り、大阪城をはじめとする観光スポットを見て回る。よくしつけられたこのワニは、ヒトを襲うこともなく、ゆっくりと街中を歩いていく。ワニとともにすごす1日も、なかなか趣があるというもの。

大阪観光の目玉として注目されているこのワニの名は、トヨタマフィメイア・マチカネンシス（*Toyotamaphimeia machikanensis*）だ。『古事記』に登場するワニの化身の「豊玉姫《とよたまひめ》」と大阪の待兼山《まちかねやま》にちなむ名前の持ち主で、和名の「マチカネワニ」でもよく知られている。

6.9m超、最大で7.7mというマチカネワニの大きさは、近縁とされるマレーガビアルの1.7倍以上となる。ワニ類の中で、大型種として知られるイリエワニの大きさが全長7mほど。マチカネワニは、そんなイリエワニと同等以上の巨体の持ち主である。

さて、もちろん（残念ながら）、現在の大阪に生きたマチカネワニがいるわけではない。“史実”において、マチカネワニが大阪にいたのは、約40万年前のこととされる。当時の大阪はワニが生息するような温暖な気候であったか、あるいは、マチカネワニが寒さに強かった可能性も指摘されている。

マチカネワニは「龍」のモデルではないかともいわれ、大阪だけではなく、日本を代表する古生物の一つとして知られている。

Mizuhopecten tokyoensis

【ミズホペクテン・トウキョウエンシス】

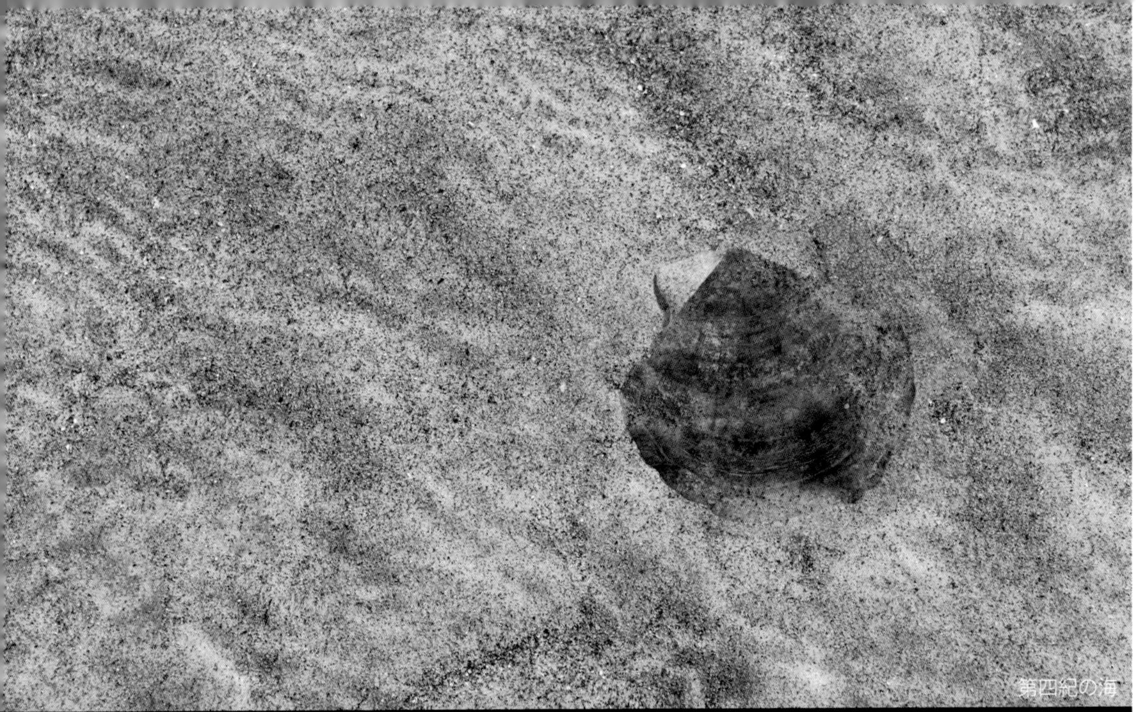

分類	軟体動物 二枚貝類
産出地	日本
殻幅	17cm

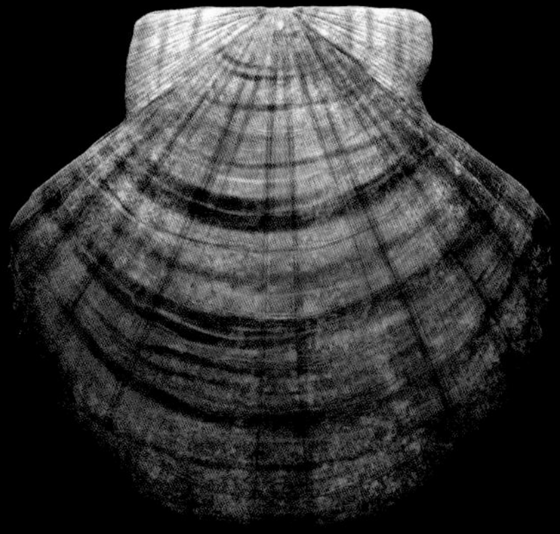
右殻

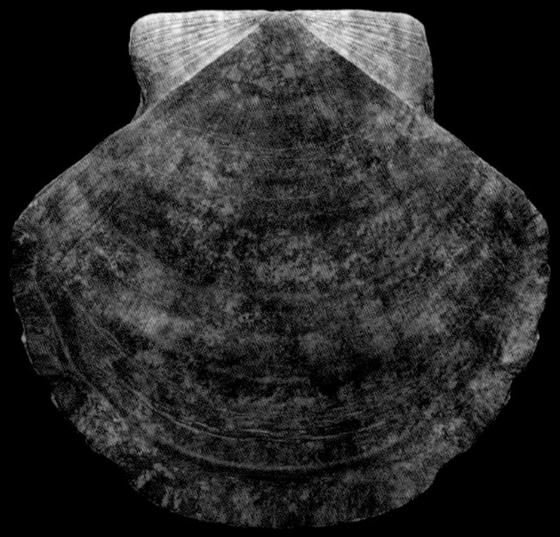
左殻

「さあ、次の一品と参りましょう。こちらは、本日の逸品。東京で採れたホタテでございます」

「へぇ、東京でホタテ。ホタテといえば、もっと寒いところで採れるものと思っていましたよ」

「はい。いわゆる『ホタテ』で知られるホタテガイは、『アキタガイ』と言われるもので、たしかに東北地方以北で採れるものでございます。こちらは、ちょっと違いまして、その名を『トウキョウホタテ』と申します。ぜひ、ご賞味ください」

……そんなやりとりが聞こえてきそうだ。

トウキョウホタテ。その学名を、ミズホペクテン・トウキョウエンシス（*Mizuhopecten tokyoensis*）という。

トウキョウホタテは、その名前がつけられたときに東京産の標本が使われた。それ故のこの名前であるのだけれど、実際には関東地方で広く多産し、関東地方以外でも本州各地でよく採ることができる。

もっとも「よく採ることができる」とはいっても、“現実世界”では、あくまでも「化石として」だ。新第三紀から第四紀にかけて堆積した海の地層から多産する。化石採集の初心者にとって人気の種だ。残念ながら、その味に関しての記録は残っていない。残念ながら……。

Mammuthus columbi

【マムーサス・コロンビ】

分類	哺乳類 有胎盤類 長鼻類 ゾウ類
産出地	アメリカ、カナダ
肩高	3.9m

正面

側面

いつか、“夢の舞台”へ。

少女と1頭のゾウが、「HOLLYWOOD」の文字を見ながら誓っている。どちらが先に、銀幕にデビューできるか。人生を賭けた競争だ。

さて、このゾウは、ゾウ類はゾウ類でも、マンモスの仲間である。その名は、マムーサス・コロンビ（*Mammuthus columbi*）。「コロンビアマンモス」の呼び名でも知られている。かつては、「インペリアルマンモス」ことマムーサス・インペラトール（*Mammuthus imperator*）と呼ばれていたこともある。

ゾウ類の“故郷”はアフリカ大陸にあり、マンモスの仲間ももともとはアフリカ大陸にあった。時間の経過とともにマンモスの仲間はアフリカ大陸を脱し、ユーラシア大陸を横断し、そして北アメリカ大陸へと進化を重ねながらやってきた。長い旅路と進化の結果として出現したコロンビアマンモスは、マンモスの仲間の中では屈指の巨体を誇り、古今の北アメリカ大陸における最大の哺乳類でもある。

もちろん、現在の北アメリカ大陸には、コロンビアマンモスは生息していない。コロンビアマンモスだけではなく、そもそもゾウ類そのものが現在の北アメリカ大陸の自然にはいない。

しかし、ハリウッドと縁がないわけではない。ハリウッドを擁するロサンゼルス市は、コロンビアマンモスの化石産地の一つとして知られているのである。

Mammut americanum

【マムート・アメリカヌム】

分類	哺乳類 有胎盤類 長鼻類 マムート類
産出地	アメリカ、カナダ、メキシコ
肩高	3m

新第三紀～第四紀
約2300万年前～現代

正面

側面

アメリカ大陸を旅していると、思わぬ出会いをすることがある。道端に車を駐めて一服する若者たちと、その若者たちとともに休んでいたであろうマムート・アメリカヌム（*Mammut americanum*）との邂逅《かいこう》はその一つといえるだろう。

マムート・アメリカヌムは「アメリカマストドン」とも呼ばれる。その名の通り、アメリカを中心に生息する哺乳類だ。その姿からアメリカマストドンは、マンモスの仲間と間違えられることが多い。しかし、マンモスの仲間としてはやや小柄であり、頭部のつくり、歯のつくりが異なる。同じ長鼻類《ちょうびるい》であっても、マンモスの仲間が属するゾウ類ではなく、マムート類と呼ばれる別グループに属している。

“史実”においては、アメリカマストドンは約1万年前には姿を消しており、私たちがどんなに旅を重ねても、散歩をしている光景に会うことはないはずだが……出会えたらきっと楽しいにちがいない。

アメリカマストドンの化石は、アメリカとカナダ、メキシコと、北アメリカの広い地域で発見されており、往時の繁栄をうかがうことができる。ロサンゼルスでは、164ページで紹介したコロンビアマンモスなどとともに化石が見つかっている。森林を好んでいたという指摘もある。

Mammuthus primigenius

【マムーサス・プリミゲニウス】

分類	哺乳類 有胎盤類 長鼻類 ゾウ類
産出地	北半球各地
肩高	3.5m

第四紀
約258万年前～現代

正面

側面

古来より、雪が降れば、イヌは庭を駆け回るもの。そんなイヌと戯れるのもよいけれど、時にはマンモスと一緒に遊んでみるというのはいかがだろう?

マンモスはマンモスでも、雪遊びをする相手となれば、そのおすすめはマムーサス・プリミゲニウス(*Mammuthus primigenius*)である。「ケナガマンモス」あるいは「ケマンモス」の名で知られるマンモスだ。

ケナガマンモスは、徹底的な“寒冷地仕様”の持ち主である。長い毛はダブルコート。下毛は細く柔らかく、上毛は太くまっすぐの2層構造で、熱を逃しにくくなっていた。

耳のサイズもポイントだ。他のゾウ類と比べると、ケナガマンモスの耳は小さい。耳は“放熱器官”とみられており、それが小さいということは、すなわちこれも熱を逃がしにくいつくりの一つである。

可能なら、雪遊び中にちょっと失礼して、お尻のあたりを観察するとよいかもしれない。実は、ケナガマンモスの肛門は、皮膚のひだで覆われているのだ。これも耐寒装備の一つとされている。

“史実”においては、ケナガマンモスは数千年前までに完全に絶滅している。しかし、こうした寒冷地仕様によって、氷河時代の北半球で大繁栄した。その化石はユーラシア大陸各地、北アメリカ大陸各地、そして、日本でも北海道から見つかっている。

Palaeoloxodon naumanni

【パレオロクソドン・ナウマンニ】

第四紀の陸

分類	哺乳類 長鼻類 ゾウ類
産出地	日本、台湾
肩高	3m

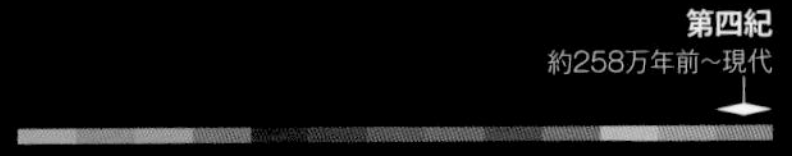

正面

側面

日本で暮らす人々ならば、一度は街中を歩く「ナウマンゾウ」こと、パレオロクソドン・ナウマンニ（*Palaeoloxodon naumanni*）を見たことがあるだろう。北海道から九州までの各地でごく普通に見ることのできるゾウ類だ。大都会・東京といえども例外ではない。車が通っていないことをしっかり確認して道路を横断するナウマンゾウ。あまり珍しくない光景である。

ナウマンゾウは、168ページで紹介したケナガマンモス（*Mammuthus primigenius*）やアジアゾウ（*Elephas maximus*）、アフリカゾウ（*Loxodonta africana*）などと同じゾウ類の仲間だ。ケナガマンモスと比べるとやや小さくて、頭部の額から側面にかけてちょっとした出っ張りがあることを特徴とする。

ナウマンゾウは、日本を代表するゾウ類だけれども、“史実”ではすでに絶滅している。その化石は日本各地から発見されており、東京でも日本橋にある都営新宿線浜町駅の工事中に見つかった標本がある。都内では、ほかにも池袋や原宿などでも化石は発見されている。また、北海道でケナガマンモスと共存していた可能性が指摘されている。

ナウマンゾウが都市を“普通に”歩いていたら楽しそうだけれども、どうにも現実世界ではこの光景に出会うことはなさそうだ。

Mammuthus creticus

【マムーサス・クレティクス】

第四紀の陸

分 類	哺乳類 長鼻類 ゾウ類
産出地	ギリシア
肩 高	1m

第四紀
約258万年前~現代

正面

側面

「さあ、お前もよくお食べ」

少女がそう声をかけているのは、マムーサス・クレティクス（*Mammuthus creticus*）だ。「マムーサス」の名が示しているように、いわゆる「マンモス」の仲間である。

マンモスのこども（幼体）なのかな?

そう思った方もいるだろう。なにしろ、その肩高は1mほどだ。これまでに見てきたマムーサス・コロンビ（164ページ）と比べるとその高さは4分の1ほどだし、マムーサス・プリミゲニウス（168ページ）と比べても、3分の1の高さに満たない。

しかし、マムーサス・クレティクスはこう見えてもおとな（成体）である。ちなみに体重は約180kg。知られている限り、最小のマンモスであり、最小のゾウ類でもある。

なぜ、マムーサス・クレティクスはこんなに小さいのだろう?

それは、「クレティクス（*creticus*）」という種小名と密接に関係している。このマンモスは、地中海に浮かぶクレタ島に生息していた。現在のクレタ島の面積は、日本の兵庫県とほぼ同じ。小さな島である。マムーサス・クレティクスの生きていた時代も小さな島だったとみられている。

大陸に祖先をもつ動物は、小さな島で進化を重ねるうちに小型化する傾向があるといわれている。148ページで紹介したデイノガレリックスと逆の現象だ。マムーサス・クレティクスは、そんな小型化の果てに出現した好例なのだ。

Sinomegaceros yabei

【シノメガケロス・ヤベイ】

第四紀の森林

分類	哺乳類 有胎盤類 鯨偶蹄類 反芻類 シカ類
産出地	日本
肩高	1.7m

第四紀
約258万年前〜現代

正面

側面

日本のどこかにあるという公園では、“半野生”のシカたちに会うことができる。歩いているとどこからともなくシカがやってきて、鹿せんべいをねだる。今も切り株で休んでいる女性のもとに大小2頭のシカがやってきた。

……それにしても大きなシカがやってきた。この大きい方のシカの名前はシノメガケロス・ヤベイ(*Sinomegaceros yabei*)、和名を「ヤベオオツノジカ」という。その名が示すように、「大きなツノ」をもつシカだ。左のツノの左端から右のツノの右端までの幅は1.5mに達する。ギガンテウスオオツノジカ（176ページ）のそれには及ばないけれど、十分大きなツノである。

ヤベオオツノジカの左右のツノはそれぞれ根元で前後の2方向に分かれ、ツノの先端は、ヒトが手のひらを広げたようになっている。この公園では、自分のからだの大きさを誇示することなく、子鹿の後ろにきちんと並び、鹿せんべいの順番を待っている。人馴れしているのか、かなりおとなしい。

“史実”におけるヤベオオツノジカは、ナウマンゾウ（170ページ）とともに化石が見つかることが多い。そして、残念ながら絶滅している。半野生のシカがいる公園は実在するけれども、ヤベオオツノジカに会うことはできない……はずである。

なお、ここでヤベオオツノジカと並んでいるシカ（*Cervus nippon*）は現生種だ。こちらは会うことができる。

Megaloceros giganteus

【メガロケロス・ギガンテウス】

第四紀の森

分類	哺乳類 有胎盤類 鯨偶蹄類 反芻類 シカ類
産出地	オランダ、イギリス、ギリシアほか
肩高	2m

第四紀
約258万年前〜現代

正面　側面

サンタクロースのお供といえば、トナカイ！　それが“一般的”だろう。しかし、ヨーロッパのある地域では、トナカイを上回る巨獣が、サンタクロースの手伝いをすることがあるという。

その名は、メガロケロス・ギガンテウス（*Megaloceros giganteus*）。「ギガンテウスオオツノジカ」の異名をもつシカだ。肩の高さが2mに達するという大型のシカで、その異名の通り、大きなツノをもつことで知られる。ツノの大きさたるや、右のツノの右端から、左のツノの左端までの長さが3mを超えるものもいるという。

メガロケロス・ギガンテウスには、もう一つの異名があり、「アイリッシュ・エルク」という。ヨーロッパでは、こちらの異名の方がよく知られているかもしれない。「アイリッシュ」とは「アイルランド」のことで、「エルク」とは「ヘラジカ」のこと。なるほど、ヘラジカも確かに大きなツノをもつ。しかし、アイリッシュ・エルクとヘラジカは、まったくの別種だ。

メガロケロス・ギガンテウスは、フランスのラスコー洞窟の壁画にその姿が描かれていることで知られる。かつての人類が生きているその姿を見たことは確からしい。ただし、ラスコー洞窟の壁画は、約2万年前のものとされる。少なくとも現代世界では、その生きている姿を見た人はいない。

Ursus spelaeus

【ウルスス・スペラエウス】

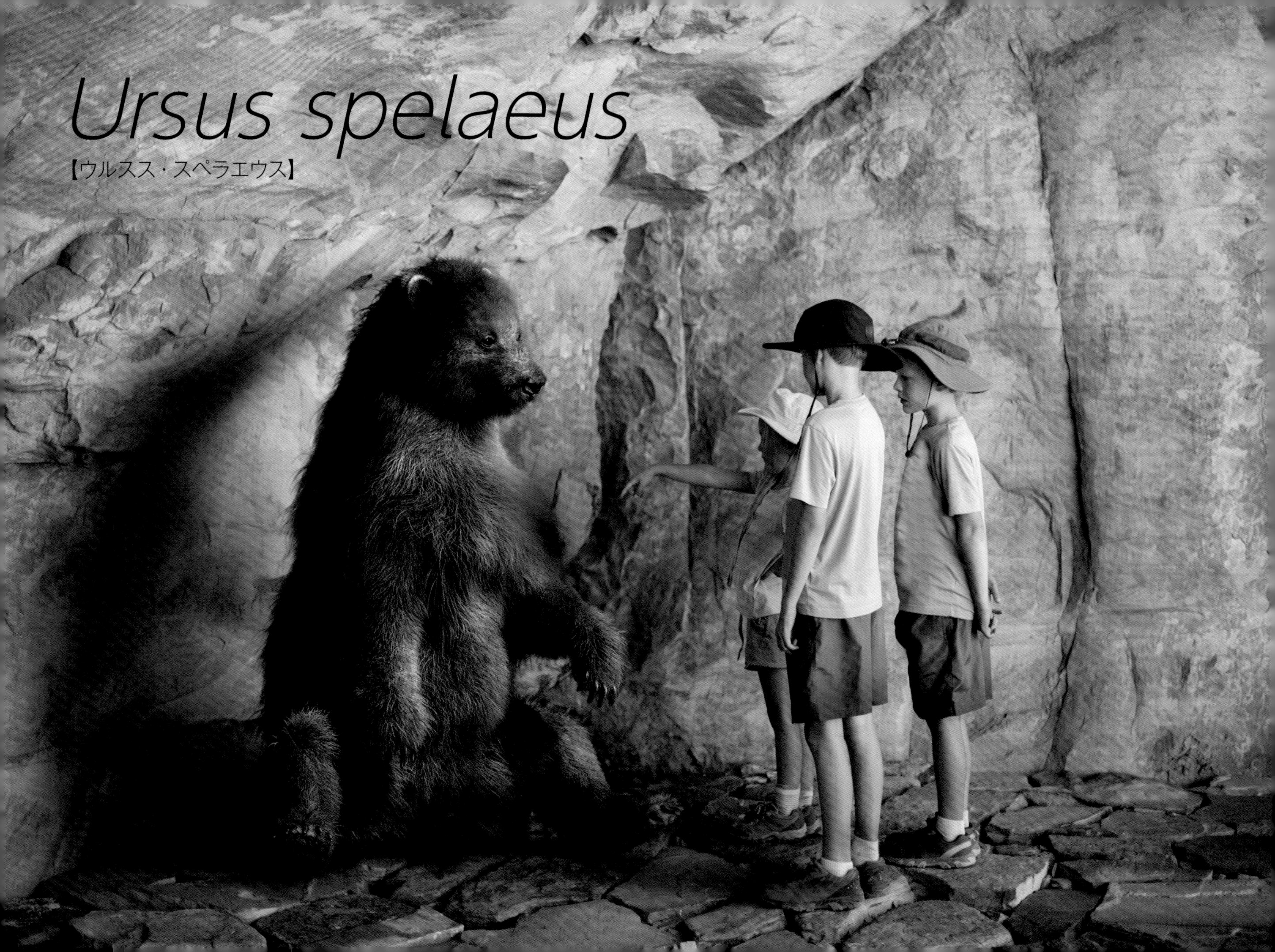

第四紀の洞窟

分類	哺乳類 食肉類 イヌ型類 クマ類
産出地	イタリア、イギリス、ドイツほか
頭胴長	2m

第四紀
約258万年前~現代

正面

側面

洞窟を探検していると、ちょこんと座ったクマに出会った。

「危ない!」……と心配することはございません。ここのクマはしっかりと躾けられていて、お子さんを喜ばせることはあったとしても、お子さんを襲うことはありません。だって、そのコンセプトのもとにつくられたアミューズメント施設なのだから。

このクマは、クマはクマでも、ウルスス・スペラエウス（*Ursus spelaeus*）という種だ。英名を「Cave bear」、和名を「ホラアナグマ」という。その名の通り、洞窟（ホラアナ）を大変好む種で、洞窟を住処として使うだけではなく、冬眠場所や出産場所としても利用する。この“洞窟型アミューズメント施設”でも、洞窟をさらに進めば、他のウルスス・スペラエウスが出迎えてくれるだろう。

ちなみに、ウルスス・スペラエウスは日本の北海道などに生息している「ヒグマ」ことウルスス・アルクトス（*Ursus arctos*）並みの体格で、ウルスス・アルクトスよりは頭部が大きく、脚が短いという特徴がある。

“史実”におけるウルスス・スペラエウスは、ユーラシア北部の洞窟からよく化石が見つかる種として知られる。主に植物を食べていたとされるものの、凶暴であった可能性も指摘されている。仮にリアル洞窟内で遭遇したら、けっして近寄ってはいけない。……もっとも、どんな種であっても、クマ類に迂闊に近寄ってはいけない。危険である。

Megatherium americanum

【メガテリウム・アメリカヌム】

分類	哺乳類 異節類 有毛類 ナマケモノ類
産出地	アルゼンチン、ボリビア、ブラジルほか
全長	6m

第四紀
約258万年前〜現代

正面

側面

朝起きたら、窓の向こうにメガテリウム・アメリカヌム（*Megatherium americanum*）が待っていた！

そんな経験、お持ちの方もいるだろう。早朝の住宅街を歩き、何をしたいのか2階のベランダに前足をかけ、シャッターや雨戸、カーテンが開くのを待っている。ある地域では見慣れた光景で、「日課として、まず、メガテリウムに朝の挨拶をする」という人もいるかもしれない。

メガテリウムは「オオナマケモノ」とも呼ばれる哺乳類だ。その名の通り、ノドチャミユビナマケモノ（*Bradypus variegatus*）などと同じナマケモノの仲間だ。……仲間だけれども、その印象はまったくの別物である。「オオ」の文字が示唆するように、まず第一に巨体だ。全長6m、体重は少なく見積もっても3t、最大で6tに達する。この巨体ゆえに、ノドチャミユビナマケモノなど、現生のナマケモノのように樹木の枝にぶらさがることはできない。ただし、太い尾と後ろ脚を使うことで、立ち上がることができたと考えられている。ちなみに、ノドチャミユビナマケモノは、最大でも5.5kgほどしかない。

朝起きて、窓の向こうにメガテリウムを見かけたら、その長い爪に気をつけながら、餌用の葉を与えてみよう。ゆっくりまったりと食べることだろう。あれ？　この餌付けが、メガテリウムを呼ぶことになってしまったのかもしれない。野生種への餌付けは慎重に、というお話である。

Glyptodon reticulatus

【グリプトドン・レティキュラトゥス】

分類	哺乳類 異節類 被甲類
産出地	アルゼンチン、ボリビア、ブラジルほか
全長	3m

第四紀
約258万年前~現代

正面

側面

東京都内のあるアニメ制作会社の駐車場に、ずらりと並んだ軽ワゴン。小回りが利いて、燃費も良い。とくに都内を動き回ることに関しては、最適の営業車といえるだろう。

そんな駐車スペースに、軽ワゴンではない動物が一頭、“駐車”している。軽ワゴンとともに出番を待つこの動物の名前は、グリプトドン・レティキュラトゥス（*Glyptodon reticulatus*）。現生のアルマジロの仲間に分類される哺乳類である。

背中を覆う背甲《はいこう》をみると「なるほど、アルマジロの仲間ね」と思われるかもしれない。ただし、「アルマジロの仲間」とはいっても、たとえばミツオビアルマジロ（*Tolypeutes tricinctus*）がもつような蛇腹構造は背甲になく、くるりと丸くなることはできない。

小さな骨片が集まることでできた大きな背甲は、軽ワゴンほどではないにしろ、乗り心地が良さそうだ。

もっとも、このからだつきである。軽ワゴンのような軽快さは期待できまい。しかし侮ることなかれ。“史実”におけるグリプトドンは、長距離移動を果たしたことで知られる（数世代をかけただろうけど）。

グリプトドンはもともと孤立していた南アメリカ大陸に生息していた。ある時期にパナマ地峡《ちきょう》が誕生すると、その地峡を渡って北アメリカ大陸へと生息域を広げたことで知られている。当時、北から南へ移動した哺乳類は数多くいたが、南から北へ移動した哺乳類はかなり珍しかったのだ。

Diprotodon optatum

【ディプロトドン・オプタトゥム】

分類	哺乳類 有袋類 ディプロトドン類
産出地	オーストラリア
頭胴長	3m

第四紀
約258万年前～現代

正面

側面

荒野を旅していると、さまざまな動物に出会うことがある。今夜は、炎や照明の灯に誘われたのか、何やら大きな動物がやってきた。頭胴長3m、肩高2m、四肢は決して長くはないけれどもがっしりと力強く、頭部は前後に長く、顔には何やら愛嬌がある。

この動物の名前をディプロトドン・オプタトゥム（*Diprotodon optatum*）という。こんな姿をしていても、カンガルーなどと同じ有袋類《ゆうたいるい》の一員だ。オーストラリアにおける最大級の有袋類で、142ページで紹介したファスコロヌスを大きく上回る巨体の持ち主である。

ちょっと恐怖を感じるサイズかもしれない。でも、ここまで接近されたのなら、慌ただしく逃げ支度をすると、かえってディプロトドンを刺激してしまう。むしろ泰然と構えた方がよいだろう。実際、今回、ディプロトドンに遭遇した（旅慣れた）男女も、ごく“普通”に、ディプロトドンを受け入れている。

ディプロトドンは植物食だ。その力強い前脚で地面を掘り起こし、植物の根などを食べる。その意味では、とくに刺激しなければ、こちらが襲われる可能性は低い。

“史実”においては、ディプロトドンは近縁種とともに「ディプロトドン類」というグループを構成する。このグループは、オーストラリアにおいて大いに繁栄した。しかし、海を渡ってオーストラリア大陸にやってきた人類によって狩り尽くされ、絶滅した可能性が指摘されている。

Procoptodon goliah

【プロコプトドン・ゴリアー】

第四紀の陸

分類	哺乳類 有袋類 カンガルー類
産出地	オーストラリア
肩高	3m

正面　側面

夕焼けに佇む2頭のカンガルー。実に絵になる1枚である。

え？　カンガルー？

そう思った人もいるだろう。右の個体はたしかにカンガルーである。頭部の形、短い前脚、太い後ろ脚、長い尾など……どう見ても、カンガルーだ。でも、左の個体は、果たして、これが「カンガルー」なのだろうか？　ちょっと大きすぎる気が……。

いや、気のせいではない。

このカンガルーは、肩高3mという巨体である。日本の一般住宅において、天井を突き破る高さだ。ちなみに、体重は240kgに達する。このカンガルーの名前を、プロコプトドン・ゴリアー（*Procoptodon goliah*）という。

そう、こう見えても、プロコプトドンはカンガルーだ。よく見ると顔つきも吻部《ふんぶ》が寸詰まりだけれども、カンガルーである。

ただし、あまりにもからだが大きすぎる。カンガルーといえば、「跳躍」で移動することが知られているけれども、プロコプトドンは跳躍することができない。重すぎるのだ。

プロコプトドンは、上半身を立てたまま、2足歩行で歩き、走ったとみられている。

“史実”においては、プロコプトドンは姿を消していて、その歩く様子を見ることは不可能だ。しかし、想像してみて欲しい。3m、240kgの巨体が2足歩行で迫ってくる光景を。なんだか恐怖を感じないだろうか。

Elasmotherium sibiricum

【エラスモテリウム・シビリクム】

分類	哺乳類 奇蹄類 サイ類
産出地	トルクメニスタン、ロシア、中国ほか
頭胴長	4.5m

第四紀
約258万年前～現代

正面

側面

女性を乗せて野山を駆ける。この動物の名前は、エラスモテリウム・シビリクム（*Elasmotherium sibiricum*）。一見すると、サイに見えるかもしれない。実際、サイの仲間（サイ類）に分類される動物だけれども、動物園などにいるサイではない。

目立つのは、長くのびるツノだ。その長さは1mを軽く超え、2mに達することもある。この1本だけある長いツノこそがエラスモテリウムのトレードマークだ。ちなみに、他のサイ類と同様に、このツノは毛と同じケラチンでできている。

エラスモテリウムは、主にヨーロッパにおいて知名度の高い怪異「ユニコーン」のモデルとされる。“一般的なユニコーン”は、白馬に近い姿をしているが、その起源をたどると、どっしり感のある姿で文献に記述されている。その「どっしり感のある一角の獣」は、まさしくエラスモテリウムにふさわしいといえるかもしれない。ちなみに、“白馬型のユニコーン”は、男性にはけっして懐かないとされるが……エラスモテリウムはさて、どうだろうか。

“史実”においては、エラスモテリウムはすでに絶滅している。その生きている姿を人類が目撃できたかどうかについては議論がある。もしも、生きている姿を目撃していたとしたら、その描写が口伝されていくうちに、ユニコーンが創造されたのかもしれない。このあたり、興味のある方は、ぜひ拙著『怪異古生物考』（技術評論社刊）をご覧いただきたい。

Stegodon aurorae
【ステゴドン・オウロラエ】

第四紀の陸

分類	哺乳類 長鼻類 ステゴドン類
産出地	日本
肩高	1.7m

正面

側面

今日は家族で川遊びにやってきた。もちろん、ステゴドン・オウロラエ（*Stegodon aurorae*）も一緒だ。小魚を狙う娘の隣で、娘を守るようにそっと立つ。そんな光景を見せられたら、親としてはシャッターを切るしかあるまい。

ステゴドン・オウロラエは、肩高1.7mほどの小型のステゴドン類だ。日本人の成人男性ほどの高さで、ともに暮らすにはちょうど良いだろう。もっとも、さすがに屋内で飼育するのは難しい。でも、ちょっとした駐車スペースがあれば、あとは適時散歩してあげれば大丈夫。近所に自然があるのなら、こうして外遊びに連れ歩くと喜ぶだろう。

ステゴドン・オウロラエは、和名を「アケボノゾウ」という。日本の固有種だ。“史実”ではとうの昔に絶滅しており、その化石は埼玉県などの各地で発見されている。

本書に登場した3種のステゴドン類……ステゴドン・ツダンスキー（144ページ）、ステゴドン・ミエンシス（146ページ）、ステゴドン・オウロラエは、同じ“系譜”にのるとみられている。

さて、その変化に気づかれただろうか？

そう、しだいに小型化しているのだ。大陸で生まれた動物が島にわたって進化を重ねると小型化していく。172ページのマムーサス・クレティクスと同じ現象を日本のステゴドン類にも見ることができるのだ。

ウマ類大集合
メソヒップス・バルボウリ
（肩高60cm）
エオヒップス・アングスティデンス
（頭胴長50cm）

メリキップス・インシグニス
（肩高90cm）
ヒッパリオン・プリミゲニウム
（肩高150cm）

食肉類大集合

ネコの仲間　イヌの仲間　クマの仲間

カニス・ディルス
（ダイアウルフ）
（肩高80cm）
アンフィキオン・インゲンス
（頭胴長200cm）
アークトドゥス・シムス
（頭胴長200cm）
ウルスス・スペラエウス
（ホラアナグマ）
（頭胴長200cm）

長鼻類大集合

❶ モエリテリウム・リオンシ（頭胴長200cm弱）
❷ フィオミア・セリデンス（肩高150cm）
❸ プラティベロドン・グランゲリ（肩高200cm）
❹ ゴンフォテリウム・プロドゥクトゥム（肩高300cm）
❺ ステゴテトラベロドン・シルティクス（肩高250cm）
❻ デイノテリウム・ギガンテウム（肩高400cm）
❼ マムート・アメリカヌム（アメリカマストドン）（肩高360cm）
❽ パレオロクソドン・ナウマンニ（ナウマンゾウ）（肩高300cm）

ステゴドン属

❾ ステゴドン・ツダンスキー（コウガゾウ）（肩高380cm）
❿ ステゴドン・ミエンシス（ミエゾウ）（肩高360cm）
⓫ ステゴドン・オウロラエ（アケボノゾウ）（肩高170cm）

マンモス（マムーサス属）

⓬ マムーサス・コロンビ（コロンビアマンモス）（肩高390cm）
⓭ マムーサス・プリミゲニウス（ケナガマンモス）（肩高350cm）
⓮ マムーサス・クレティクス（肩高100cm）

12
13
8
9
10
11
14

もっと詳しく知りたい読者のための参考資料

本書を執筆するにあたり、とくに参考にした主要な文献は次の通り。なお、邦訳があるものに関しては、一般に入手しやすい邦訳版をあげた。また、webサイトに関しては、専門の研究機関もしくは研究者、それに類する組織・個人が運営しているものを参考とした。Webサイトの情報は、あくまでも執筆時点での参考情報であることに注意。

※本書に登場する年代値は、とくに断りのないかぎり、

International Commission on Stratigraphy，2020/01，INTERNATIONAL STRATIGRAPHIC CHART　を使用している。

《一般書籍》

『鰭脚類』著：和田一雄，伊藤徹魯，1999年刊行，東京大学出版会

『古第三紀・新第三紀・第四紀の生物 上巻』監修：群馬県立自然史博物館，著：土屋 健，2016年刊行，技術評論社

『古第三紀・新第三紀・第四紀の生物 下巻』監修：群馬県立自然史博物館，著：土屋 健，2016年刊行，技術評論社

『新版 絶滅哺乳類図鑑』著：冨田幸光，伊藤丙男，岡本泰子，2011年刊行，丸善株式会社

『日本の古生物たち』監修：芝原明彦，著：土屋 健，絵：ACTOW，2019年刊行，笠倉書店

《Webサイト》

自然博物館, 唐津焼発祥の里 北波多，http://karatsuyakinosato.jp/hakubutsukan.html

厚生労働省，https://www.mhlw.go.jp/

珍獣オカピ，東京ズーネット，https://www.tokyo-zoo.net/topics/profile/profile09.shtml

Mini mammoth once roamed Crete, nature, https://www.nature.com/news/mini-mammoth-once-roamed-crete-1.10605

《学術論文》

Asier Larramendi, 2016, Shoulder height, body mass, and shape of proboscideans, Acta Palaeontologica Polonica, vol.61, no.3, p537–574

Carlos Mauricio Peredo, Nicholas D. Pyenson, Christopher D. Marshall, Mark D. Uhen, 2018, Tooth Loss Precedes the Origin of Baleen in Whales, Current Biology, vol.28, p1–9

Christopher Basu, Peter L. Falkingham, John R. Hutchinson, 2016, The extinct, giant giraffid Sivatherium giganteum: skeletal reconstruction and body mass estimation, Biol. Lett., 12:20150940, http://dx.doi.org/10.1098/rsbl.2015.0940

E.-A. Cadena, T. M. Scheyer, J. D. Carrillo-Briceño, R. Sánchez, O. A Aguilera-Socorro, A. Vanegas, M. Pardo, D. M. Hansen, M. R. Sánchez-Villagra, 2020, The anatomy, paleobiology, and evolutionary relationships of the largest extinct side-necked turtle, Sci. Adv., 6 : eaay4593

Daniel T. Ksepka, 2013, Flight performance of the largest volant bird, PNAS, vol.111, no.29, p10624-10629

Gina D. Wesley - Hunt, John J. Flynn, 2005, Phylogeny of the carnivora: Basal relationships among the carnivoramorphans, and assessment of the position of 'miacoidea' relative to carnivora, Journal of Systematic Palaeontology, 3:1, 1-28

Kenshu Shimada, 2019, The size of the megatooth shark, *Otodus megalodon* (Lamniformes: Otodontidae), revisited, Historical Biology, DOI: 10.1080/08912963.2019.1666840

Lawrence M. Witmer, Kenneth D. Rose, 1991, Biomechanics of the jaw apparatus of the gigantic Eocene bird Diatryma: implications for diet and mode of life, Paleobiology, 17(2), p96-120

Matthew R. Borths, Nancy J. Stevens, 2019, *Simbakubwa kutokaafrika*, gen. et sp. nov. (Hyainailourinae, Hyaenodonta, 'Creodonta,' Mammalia), a gigantic carnivore from the earliest Miocene of Kenya, Journal of Vertebrate Paleontology, DOI: 10.1080/02724634.2019.1570222

Michelle Spaulding, Maureen A. O'Leary, John Gatesy, 2009, Relationships of Cetacea (Artiodactyla) Among Mammals: Increased Taxon Sampling Alters Interpretations of Key Fossils and Character Evolution, PLoS ONE, 4(9): e7062, doi:10.1371/journal.pone.0007062

Sankar Chatterjee, R. Jack Templin, Kenneth E. Campbell, Jr., 2007, The aerodynamics of *Argentavis*, the world's largest flying bird from the Miocene of Argentina, PNAS, vol.104, no.30, p12398-12403

索　引

■ 著者紹介

土屋　健（つちや・けん）

オフィス ジオパレオント代表。サイエンスライター。埼玉県生まれ。金沢大学大学院自然科学研究科で修士号を取得（専門は地質学、古生物学）。その後、科学雑誌『Newton』の編集記者、部長代理を経て独立し、現職。とくに古生物学に関する著作、多数。本シリーズの第１作にあたる『リアルサイズ古生物図鑑　古生代編』で「埼玉県の高校図書館司書が選ぶイチオシ本2018」第1位などを受賞。2019年、サイエンスライターとして史上初めて日本古生物学会貢献賞を受賞。近著に『パンダの祖先はお肉が好き!?』（笠倉出版社）、『恐竜・古生物 No.1 図鑑』（文響社）、『学名で楽しむ恐竜・古生物』（イースト・プレス）など。

■ 監修団体紹介

群馬県立自然史博物館（ぐんまけんりつしぜんしはくぶつかん）

世界遺産「富岡製糸場」で知られる群馬県富岡市にあり、地球と生命の歴史、群馬県の豊かな自然を紹介している。1996年開館の「見て・触れて・発見できる」博物館。常設展示「地球の時代」には、全長15mのカマラサウルスの実物骨格やブラキオサウルスの全身骨格、ティランノサウルス実物大ロボット、トリケラトプスの産状復元と全身骨格などの恐竜をはじめ、三葉虫の進化系統樹やウミサソリ、皮膚の印象が残ったヒゲクジラ類化石やヤベオオツノジカの全身骨格などが展示されている。そのほかにも、群馬県の豊かな自然を再現したいくつものジオラマ、ダーウィン直筆の手紙、アウストラロピテクスなど化石人類のジオラマなどが並んでいる。企画展も年に３回開催。

http://www.gmnh.pref.gunma.jp/

背景画像提供者リスト

p.8　オフィス ジオパレオント／協力：東映アニメーション株式会社
p.12　オフィス ジオパレオント
p.14　オフィス ジオパレオント
p.40　服部雅人
p.42　オフィス ジオパレオント／協力：東映アニメーション株式会社
p.106　オフィス ジオパレオント／協力：東映アニメーション株式会社
p.182　株式会社技術評論社／協力：東映アニメーション株式会社

※上記以外は全てistockの画像を使用しました。

■ 3D 生物イラスト・シーン合成　服部雅人
■ 装幀・本文デザイン　横山明彦（WSB inc.）

古《こ》生物《せいぶつ》のサイズが実感《じっかん》できる！
リアルサイズ古《こ》生物《せいぶつ》図《ず》鑑《かん》　新生代編《しんせいだいへん》

発 行 日2020年10月10日　初版　第１刷発行

著　　者 土屋《つちや》　健《けん》
発 行 者 片岡　巌
発 行 所 株式会社技術評論社
東京都新宿区市谷左内町21-13
電話03-3513-6150　販売促進部
03-3267-2270　書籍編集部
印刷／製本　大日本印刷株式会社

ISBN978-4-297-11514-2 C3045
Printed in Japan